法汉
水轮发电机组安装

词汇

中国水电顾问集团华东勘测设计研究院　冯寺焰　编

U0260890

中国电力出版社
CHINA ELECTRIC POWER PRESS

图书在版编目(CIP)数据

法汉水轮发电机组安装词汇/冯寺焰编 . —北京:中国
电力出版社,2014.7
ISBN 978-7-5123-5027-4

Ⅰ.①法⋯ Ⅱ.①冯⋯ Ⅲ.①水轮发电机—发电
机组—安装—对照词典—法、汉 Ⅳ.①TM312-61

中国版本图书馆 CIP 数据核字(2013)第 237750 号

中国电力出版社出版、发行
(北京市东城区北京站西街 19 号 100005 http://www.cepp.sgcc.com.cn)
汇鑫印务有限公司印刷
各地新华书店经售

＊

2014 年 7 月第一版 2014 年 7 月北京第一次印刷
880 毫米×1230 毫米 32 开本 4.625 印张 168 千字
印数 0001—2000 册 定价 **20.00** 元

前　言

　　我国一些大型水电站陆续装备了从国外引进的水轮发电机组,应该说有关多种机型水轮发电机组安装的资料是比较丰富的,但是大都处于分散保管的状况,如果能集中起来,定能编录出一本内容全面、词汇丰富且实用的工具书,让其继续为我国的水电事业和援外工作服务。

　　本词汇的初稿(1977年5月手抄稿、9月油印稿)主要是编者在20世纪70年代从某水电站法国机组提供的《发电机安装说明书》中摘录的,限于当时条件,只收录了发电机安装部分的词汇,没有掌握到尚缺的水轮机安装部分和电气试验部分的有关资料。经过重新审核以及筛选和补充,收录到词、词组和短语共计5400余条,愿本词汇能够方便读者的使用和参考。

　　本词汇的出版得到华东勘测设计研究院各级领导的特殊关怀和热情支持与鼓励,编辑过程中又得到原上海勘测设计研究院院长、教授级高级工程师曹士杰和原华东勘测设计研究院教授级高级工程师秦森、教授级高级工程师包银鸿的热心帮助,在具体的出版工作上,华东勘测设计研究院高级工程师费京伟又做了大量细致的工作,词汇中专有名词(除人名等外,大都是商品名或商标名)由冯之搜集、核定,最后由华东勘测设计研究院教授级高级工程师李渝珍、陈顺义等对中文专业词汇的术语进行校核,曾对本词汇出过力的其他同志,在此也一并致以诚挚的谢意。

　　限于编者个人的力量、水平以及所掌握的资料许有错误或不妥之处,本词汇中存在不足在所难免,敬请专家、读者提出批评意见并指正。

编　者
2012年2月于杭州

体例说明

一、本词汇正文按法语词条中的实词、主词字母顺序排列。词条中的冠词、介词均不参与排序。

二、主词后有与其他词搭配的词条,均缩进二个字母排在主词下面,并用"～"代表主词(也称上位词),"～ ～"和"～ ～ ～"等表示重复同上的主词与其所搭配的词(皆称对应的上位词)。例如:

segment（*m*）　薄片,叠片,冲片

　　～ de tôle　叠片,冲片

　　～ ～ ～ stator　定子(铁芯)叠片,定子(标准)冲片

　　～s ～ ～ ～ rebutés　定子废叠片

复数主词用"～"加复数词尾表示,如:"～s","～x","～aux"

注 1　单独主词下有短语的排序形式:

intérieur（*m*）　内部,里面,内侧

　　à l′～（*loc. adv*）　在里面,在内部

　　～l′～de（*loc. prép*）　在…里面,在…内部

注 2　单独主词下有复合词的排序形式:

ruban（*m*）　带,条;绝缘带

　　～ Silionne-Samica-Silionne　玻璃纤维—云母—玻璃纤维绝缘带

　　～ ～-～-～ époxy　玻璃纤维—云母—玻璃纤维环氧树脂绝缘带

注 3　单独主词下无对应的上位词,则不能使用"～"的排序形式:

etayage（*m*）　支撑;支护;加固,固定;拉紧

　　～ arbre intermédiaire　中间轴固定

　　～ de l′arbre intermédiaire avec le croisillon inférieur　中间轴连同下机架的拉紧

注 4　复合词按有单独主词的规定排序:

bouton-poussoir（*m*）　按钮

　　～ fermé au repos　动断[常闭]按钮

　　～ ouvert ～ ～　动合[常开]按钮

三、同一主词的搭配词条的排列顺序是:主词为单数的在前,主词为复数的次之,主词(单、复数)前有搭配词的,则分别排在其后。例如:

élément (*m*) 单元,元件,部件;瓣体;部分

　～ sensible　热敏元件;电阻温度计

　demi ～　半圆(部)件

　～s du coussinet　导轴承瓣体

　différents ～s　不同组成部分

四、无单独主词的短语、词组等则按其中的主词一起直接排序。例如:

être égale à (*loc. verb*)　等于,和…相等,相当于

être inférieur(e) à (*loc. verb*)　少于,小于,低于,在…以下

être supérieur(e) à (*loc. verb*)　大于,超过,在…以上,优于

en haut (*loc. adv*)　顶部,(在)高处,(在)上面;朝上面,向上地

en haut de (*loc. prép*)　在…的高处,在…的上面,在…的顶端

en présence de (*loc. prép*)　在…面前;在有…情况下;面临

　～ ～ ～ pièces métalliques　接触金属部件

en respectant l'axe Amont-Aval　要对准上下游轴线

en respectant les repères　要注意定位标记

type (*m*)de brasage massif　大面积的铜焊型

type (*m*)de turbine　水轮机机型

五、同一个词,不同词性之间,空 2 个字符,以示区别。例如:

paralèlle　(*a*)平行的,并联的　(*f*)平行线;并联　(*m*)纬线;对比

onduler　(*vt*)使波动,使起伏　(*vi*)波动,起伏

六、语法略语

(*a*)··················adjectif　形容词

(*adv*)··············adverbe　副词

(*conj*)·············conjonction　连词

expr. id············expression idiomatique　惯用语

f. ··················faire　做,干,作;表示使用原形动词

(*f*)·················féminin　阴性

(*f. pl*)············féminin pluriel　阴性复数

ind. ················indicatif　直陈式

(*loc.*)··············locution　短语

(*loc. adj*)·········locution adjective　形容词短语

(*loc. adv*)·········locution adverbiale　副词短语

$(loc. conj)$ ·············· locution conjonctive　连词短语
$(loc. prép)$ ·············· locution prépositive　介词短语
$(loc. verb)$ ·············· locution verbale　动词短语
(m) ·············· masculin　阳性
$(m. pl)$ ·············· masculin pluriel　阳性复数
(n) ·············· nom　名词
$(prép)$ ·············· préposition　介词,前置词
$(p. p.)$ ·············· participe passée　过去分词
$(subj.)$ ·············· subjonctif　虚拟式
$(v.)$ ·············· verbe　动词
$(v. pr.)$ ·············· verbe pronominal　代动词
(vi) ·············· verbe intransitif　不及物动词
(vt) ·············· verbe transitif　及物动词
$(vt. dir)$ ·············· verbe transitif direct　直接及物动词
$(vt. indir)$ ·············· verbe transitif indirect　间接及物动词
qch ·············· quelque chose　某事物
qn ·············· quelqu′un　某人

七、所用其他符号

1.〈　〉　表示语源,如〈英〉、〈法〉、〈拉〉(即英文、法文、拉丁文),
注在词性符号前,如 gas-oil〈英〉(m)柴油,nota bene
〈拉〉$(loc.)$注意。

2.(　)　内表示外文、汉语译名的注释或可以省略的部分。

3.[　]　内表示外文、汉语译名可替代的部分;国际音标的符号,
如[s],发"斯"音。

4.【　】　表示学科或专业,如【计】、【地】(即计算机、地质)。

5.,　表示汉语译名意义相同或近似;外文用于数字中表示小
数点。

6.;　表示汉语译名意义不同。

7.、　顿号。

8.:　冒号。

9.~　在数字中表示范围号;在法文词汇接序中表示主词或上
位词;表示交流(电)的符号。

10. -/ —　连接号:半字线用在外文字母中,也可根据音节用作
转行符;一字线则用在中文字中。

11." "　双撇引号,如 loctite"Autoform"译作"自动成形[模
压]"树脂。

12.《　》　书名号、文件名称引号。

13. / 斜线号。

14. . 小黑点：①小数点，用于汉语数字中，外文习惯用"，"表示，如：jeu de 1,5 m/m au rayon 1.5 毫米的径向间隙；②用作外文缩写记号，如：S. M.（servo-mateur 伺服电动机的缩写字）；③脚点，如：installation des appareils de contrôle. air. eau. huile 安全检测装置（气、水、油系统）图；④黑中点，如：kW·h 千瓦小时。

15. … 省略号，亦称连点。

16. ° 句号；表示度数的符号。如：∠45° 45 度角，20℃ 20 摄氏度。

17. ± 正负号，如：ordres de ± excitation ±励磁指令。

18. = 等于号。

19. ∠ 角的符号。

20. mm，m/m，m. m. （millimètre 的单位符号）毫米。

21. 法文的拼写符号：

(1)闭口音符（accent aigu）" ´ "，如：élévation 高程；

(2)开口音符（accent grave）" ` "，如：accès 入口；

(3)长音符（accent circonflexe）"^"，如：cône （圆）锥体；

(4)分音符（tréma）"¨"，加在元音 e，i，u 上，表示应与前一元音分开发音，如：celluloïd [selylɔid] 赛璐珞；

(5)软音符（cédille）" ş "，加在 a，o，u 前的 c 字母下即 ç，表示应发[s]音，如：amorçage [amɔrsa:ʒ] 激励，激磁；触发；

(6)省文撇（apostrophe）" ' "，如：à l'abri de(*loc. prép*) 在…保护下。

目　录

A

abaisser（*vt*） 减少,减低,降低

abattre（*vt*）les angles 倒角

abîmer（*vt*） 损害;毁坏,损坏,弄坏

about（*m*） 对接,接合;槽榫接合;接头,
油管接头

    ～ à braser 铜焊连接接头

à l'abri de（*loc. prép*） 在…保护下,在…
掩护下,在…遮蔽下,掩蔽,防避;防
止…,免于…,避开…,避免…;免受…侵
袭,躲避…(风雨等)

absence（*f*） 缺乏,缺少;离去,离开

    ～ d'air 缺乏空气

    ～ de fuite 无渗漏

    ～ ～ points chauds 无发热点

    ～ survitesse 无压力上升

absorber（*vt*） 接纳,容纳;吸收,消耗;
合并

accélérateur（*m*） 加速器,催速器;催速
剂;(汽车)油门

accélération（*f*）de la pesanteur 重力加
速度

accéléromètre（*m*） 加速度(测量)计[表]

accélérotachymètre（*m*） 加速测速器
[计];加速回路

accès（*m*） 入口,引道,引桥,通路,进路;
脚手平台

accessible（*a*） 可达到的,可进入的

accessoires（*m. pl*） 附件,配件,备用件

accidentellement（*adv*） 意外地,偶然地

accoler（*vt*） 固定,连接,粘接;并列

accostage（*m*）des arbres 两轴对接

accoter（*vt*） 靠在(墙上等),斜靠;撑住,
支住;栓牢,紧固,固定,接合;吊放

accouplement（*m*） 联结,连接;大轴联
结,联轴;联轴节,联结器

    ～ alternateur-turbine 水轮发电机
联结

    ～ du grain 发电机轴联结,发电机联
轴节

    ～ inférieur 下法兰连接

    ～ rotor(-)arbre intermédiaire 转子中
间轴(法兰)连接

    ～ du rotor avec l'arbre intermédiaire
转子与中间轴的连接

    ～ supérieur 上法兰连接

accoupler（*vt*） 配(成)对;合拢,耦合;连
接,联结

accrochage（*m*） 立筋;紧固,联结,连接;
吊挂,悬挂;同步
pour ～ de l'antifriction 紧固巴氏合
金用

accrocher（*vt*） 吊挂,悬挂,吊着,空中悬
停;挂住,钩住;同步,使(电机)进入
同步

accumulateur（*m*） 压油罐;蓄压器;蓄能
器;蓄电池,电瓶;加法器,累加器;储
存器

acétate（*m*）d'éthyle 醋酸乙脂;乙酸

乙脂

achèvement (*m*)　结束,完成;完[竣]工

achever (*vt*)　结束,完成

acide (*m*)　酸,酸液

　～ chlorhydrique　盐酸

acier (*m*)　钢,钢材

　～ chrome-nickel　镍铬钢

　～ doux　低碳钢,软钢

　～ écroui　冷轧钢

　～ HEB　工字钢

　～ inoxydable (inox.)　不锈钢

　～ inox. 13% Cr　含铬13%的不锈钢

　～ laminé　轧制钢

　～ moulé　铸钢

　～ recuit　退火钢

　～ à [de] ressort　弹簧钢

　～ tôle striée　花纹钢板

　～ U[enU, UAP]　U—钢,U 形钢,U
　形型材,槽钢

aciérie (*f*)　钢铁厂,炼钢厂

aciériste (*m*)　钢铁制造者,炼钢专家

action (*f*)　动作,操作;作用,反应,效应

　～ du poids　重力作用

actionneur (*m*)　(电液)转换器,(动力)传
　动装置,驱动机构,执行机构(调节器
　的),作动器,动力部件;调节器;激励器

activateur (*m*)　激活剂,活化剂

additif (*m*)　附加物,附加件;加料;添
　加剂

　～ de manutention　吊运附加装置

addition (*f*) d'argent　银质附加剂

additionner (*vt*)　加,相加,增加,附加,叠
　加;补充;合计,结算

adhérence (*f*)　黏着,附着;联结

adhésif (*m*)　胶;胶合剂,黏合剂;胶布
　[带],胶水纸

　～ à un seul composant　一种单成分
　黏合剂

adjonction (*f*)　增加,附加,补充

adopter (*vt*)　采取,采纳,采用,选用,选
　定;通过

aérateur (*m*)　通气口,换气口;换气装
　置,通风器[机],风扇

aération (*f*)　通气,通风;通[进]气口,通
　气孔嘴,放气孔,通气装置

　～ (du) palier　轴承空气管路

affaiblir (*vt*)　减少,使少,使小;削弱

affaiblissement (*m*)　损耗;消失,衰减,阻
　尼;下沉(量),下陷,沉陷;挠度

affleurer (*vt*)　使齐平,使平坦,平整,修
　平,磨平

agent (*m*) chimique　化学试剂,化验剂,
　化学媒剂,专用媒剂

agitateur (*m*)　搅拌器,混合器

agrafage (*m*)　临时点焊固定,环缝初步
　点焊;夹板,卡板;扣环;夹持[住],固定

agrafe (*f*)　夹子;夹紧板,持着器,紧
　固件

agrafer (*vt*)　扣[钩,夹]住;扣上,咬边,
　弯边,夹紧;用弓形夹固定;点焊

agrandir (*vt*)　扩大,提高

aigrette (*f*)　刷形放电,电刷放电,电晕
　放电,闪络

　～ électrique　刷形放电

aiguille (*f*)　针,指针;针塞

aile (*f*)　(转轮)叶片,导叶(叶片),轮叶,

桨叶；翼（板）；臂板；凸缘，翼缘；法兰（盘）

~ inférieure 支承板；下翼缘

~ supérieure 上部翼板；上部翼缘，上翼

ailette（*f*） 叶片，导叶，桨叶；翅片，小翼，弹翼；肋；臂板；散热片

aimant（*m*）permanent 永久磁铁，恒磁铁

ainsi que（*loc. conj*） 如同，正如；和，以及，还有

air（*m*） 空气，气流

~ - arrêt d'huile 气封

~ - ~ inférieur 下气封

~ - ~ supérieur 上气封

~ chaud 加[预]热空气，暖[热]空气，热风，出气（空气冷却器）

~ comprimé 压缩空气；压风，压力通风

~ diaphragme 气室密封

~ ~ inférieur 下部气室密封

~ ~ supérieur 上部气室密封

~ frais 进气（空气冷却器），新鲜空气，冷空气

aire（*f*） （平）台；场地；区域；地段

~ d'assemblage 组装[合]场地，安装场

~ de montage 安装平台，装配间

ajouter（*vt*） 增加，增添，加添，补充

ajustage（*m*） 调整[准]，对准，校准[正]；装配

ajustement（*m*） 配合；校正，调准

~ incertain 过渡配合，粗配合

~ avec jeu （活）动配合，间隙配合

~ ~ serrage 过盈配合，紧配合，压配合

ajuster（*vt*） 修改，修正，调整，整定；配合，装配，匹配；微调

alarme（*f*） 警报，警报信号，发出警报

alerter（*vt*） 告警，预告危险，发（出）警报；通知；察觉

alésage（*m*） 孔，内孔，法兰螺孔，孔腔，铰孔，镗孔，钻孔，铣孔，扩孔；内径，内圆半径，缸径，孔径；内圆，内圆同心度，圆周，内圈

~ axiale 中心孔

~ du flasque supérieur 顶盖内圆

~ inférieur 下部内圆

~ du stator 定子内圆

~ supérieur 上部内圆

aléser（*vt*） 铰，铰孔，锪孔，扩孔，镗孔，钻孔

alésoir（*m*） 铰刀；扩（孔）钻；钻头，钻[镗]孔器

~ d'ébauche 粗铰刀

~ de finition 精铰刀

alignement（*m*） 对准，校准，定中心，找中，对准度；基准线；瞄准线；排齐，矫直，使平直

aligner（*vt*） 排列，排齐，排直，对直，对准，对正，对齐，排成直线，接合起来

alimentation（*f*） （水、煤、电、气、油、燃料、材料等的）供给[应]；供电，电源；电源装置；激励，激发；励磁

~ d'air comprimé 供风（压缩空气）管

~ du circuit 通电

~ convertisseur de tension   向电源装置供电

~ cylindre fermeture pales   "轮叶[叶片]关闭"油缸供油

~ ~ ouverture ~   "轮叶[叶片]开启"油缸供油

~ d'eau propre   供水(清洁水)管

~ d'huile   充油管

~ pressostat   (电动)压力开关

~ stabilisée   稳态[定]电压,稳定[压]电源供电

alimenter (*vt*)   供应,供给;供电,通电;输给;接通[入],联通

~ ces 7 calrods en parallèle   并联连接7只电阻加热器

allongement (*m*)   延长,伸长;伸长度[值],延伸值,(相对)延伸率

~ prévu   设计伸长值,预定的伸长

~ résiduel   剩余[永久]伸长值

allumage (*m*)   点火,点燃;发火,起动;照亮,点亮;点灯,开灯;点火装置

~ fugitif   瞬时灯光发亮

plein ~   灯光完全发亮

allure (*f*) de la courbe   曲线形状[特点]

alternateur (*m*)   交流发电机,同步发电机

~ auxiliaire   辅助交流发电机,备用交流发电机,厂用发电机,自用电发电机

~ à axe horizontal   卧式[横轴]发电机

~ ~ vertical   立式[轴]发电机

~ Bulbe   灯泡式发电机

~ conventionnel   常规发电机

~ non excité   非励磁发电机,发电机

无励磁

~ hydraulique   水轮发电机,水力发电机

~ ~ vertical   立式水轮发电机

~ pilote   交流(电)测[记]速发电机;交流转数表传感器,转速传感器;永磁(发电)机

~ principal   主(交流)发电机

~ ~ excité   主发电机励磁

~ ~ non excité   主发电机无励磁

~ synchrone   同步发电机

~ tachymétrique   测速交流发电机

~ - turbine   水轮发电机

~ s de[pour] groupes bulbes   灯泡式机组用发电机

alternativement (*adv*)   交替地,轮流地

altitude (*f*)   高度,海拔(高度),标高,高程

~ prévue   设计高程

aluminium (*m*)   铝(Al)

alvéole (*m*)   受油器;(测压,测力)传感器;插座接触元件,插座,插口;(压力)盒;(小)槽,凹槽,导槽,定向槽;导键;孔,眼;网格,网孔

amarrer (*vt*)   系缆,栓紧,缚牢,系挂,挂以吊索;吊起,吊放,悬空;支撑

~ le flasque au pont roulant   将吊环挂在行车上

amenée (*f*)   供给;进口,入口;导入管

~ d'eau   进水管,给水管;进水口

~ ~ au joint charbon   炭精密封进水管

~ éventuelle d'air sous pression   应急用的压(缩空)气输送管

~ d'huile　进油,供油

~ ~ chaude　热油管路

amener（*vt*）引导,通往,带来;加到(把电压加到…上),处于;放下,吊放

amiante（*m*）石棉

amorçage（*m*）击穿;点火,引燃;点弧,起弧;起动;接通;触发;激发;起振;激励;激磁

~ intempestif　升压过快

~ en service　绝缘击穿

amorce（*f*）de grippage　搬运损伤

amorcer（*vt*）开始;起动;激发;激励

amortissement（*m*）阻尼;减震,缓冲

amortisseur（*m*）缓冲器,减震器;衰耗器,阻尼器;阻尼绕组,阻尼线圈

~ de pression　压力减压器

~s　阻尼环

ampère（*m*）安培(A,电流单位)

1000A redressé　整流电流 1000 安

ampli（*m*）见 **amplificateur**

amplificateur（*m*）放大器;增音器[机]

~ d'impulsions　脉冲放大器

~ ~-voie A　脉冲放大器—通道 A,脉冲放大器—A 组

~ de puissance　功率放大器,升压放大器

ampli-mélangeur（*m*）混频放大器

amplitude（*f*）振幅;幅度;距离;作用半径

~ crêt à crêt　双幅,全摆幅;(正负)巅间振幅值,峰—峰(振幅)值

~ d'impulsion　脉冲振幅,脉冲波幅

~ de signal　信号振幅,信号幅度

analyse（*f*）harmonique　谐波分析

ancrage（*m*）锚,锚定[固];锚栓[杆];接合

ancrer（*vt*）锚,锚定[固,接];埋设,安置,安装;停住;接合;系紧;撑牢,支住;巩固

angle（*m*）角,角度

~ de rotation　旋转角,转动角,转弯角

anneau（*m*）环,吊环,支承[持]环,固定耳,吊耳;圈,座圈,密封圈,胀圈,隙片;油环

~ d'appui　支持环

~ (de la)cuve à huile　油槽内壁

~ extérieur　外环

~-guide　导油圈,导油环

~ guide d'huile　导油圈,导油环

~ ~ ~ en 2 parties　分成 2 瓣的导油圈

~ de levage　吊环,吊环螺钉[丝,栓],吊环螺帽,吊耳螺钉

~ porte joint　外环,膨胀盘根外环

~ presse ~　压环,膨胀盘根压环

~ de scellement　外环(焊封),密封环

~ ~ soutènement　支持环(上下层线棒之间用),端箍环

~ ~ ~ des cercles de connexions　定子绕组环形母线支持环,端箍环连接

~ support　支座;上导轴承支承环,支持环,端箍支架

~x de connexion　支持环,接头,端箍环接口

~x distanceurs（préalablement）（预置）间隔垫块

~x de soutènement métalliques　金属

支持环,金属端箍

annexe（*f*） 附(属)件；附录；技术规程

anti-effluves（*m. pl*） 防晕层

anti(-)friction（*f*） 减磨,抗磨；防摩擦,减摩擦；减摩作用；减摩剂,减摩层,防止摩擦合金,（铅、锑、锡、铜、铋）减摩合金,巴氏合金

apparaître（*vi*） 显露,显[出]现,显示；产生,发生

appareil（*m*） 仪器,器械；装置,设备；仪表

~ de contrôle 控制机构[单元],控制器；调节器,调整器；检测装置,检查仪表,检测仪器[表],检验用仪表,校正仪表,监视仪表,监视[听]器；记录器

~ ~ ~ de la circulation d'eau 冷却水示流计[信号器]

~ ~ ~ interne 内部检测装置

~ indicateur 指示器,检示仪表

~ de mesure 量度仪表,测量仪表,量具,探测仪,测试装置

~ ~ ~ de la température 测温元件

~ à pousser 推压装置

~ ~ ~ les barres 下线设备

~ de sécurité 安全装置,保护[险]装置

appareillage（*m*） 装置,设备；仪器,器械；仪表；元件,另件

~ de mesure 测试装置[设备],测量设备；测试[量]仪表,检验仪表

apparition（*f*） d'effluves 电晕效应

appelation（*f*） 编号；名称

appendice（*m*） 附录；附件,配件,附属物,附加物,附加部分,附属部分,附在…的试块,（物体的）延伸部分；备用仪器；输气管

~ supplémentaire 增[追]加的试块,补充的试块

application（*f*） 使用,应用,运用,采用；使用方法,用法；涂,敷,贴；实行,实施；施加

appliquer（*vt*） 使用,应用,采用,利用,运用,适用；安置,放,放进,加入,附加,添加,加于,加在…上,施加；涂,敷,贴；实行,实施,履行

appoint（*m*） de serrage 垫紧

apporter（*vt*） 带来,招致,引起；提出

apposer（*vt*） 贴(上),贴附,黏附；添上,加上,涂刷；附,附加；插入

approcher （*vt*）(qn,qch de qn,de qch) 移近,拉近,推进,使接近,接近(某人),拉拢,放上,吻合；吊进,吊到 （*vi*）(de qn,de qch)前进；走近,接近,靠拢,拉拢

~ au dessus (de) 将…吊运至…上空

approprier（*vt*） 使适合,使适应,适当

approvisionner（*vt*） 供应,供货；补给,配给；放在

approximation（*f*） 近似值,近似法；近似,大概,约略

appui（*m*） 支承,支撑；支墩,支座,底座；支承面,承压面,顶面；支点,支座点

~ du collecteur à bagues 集电环支承面

appuyer （*vt*）支持,支撑,支承；压,压紧,贴合,贴紧,旋紧；放在,放稳在,搁

在,安置在,固定在;靠近,贴近;架设

（vi）压,按;受力

araldite（f） 环氧树脂

araser（vt） 使平,使齐,使齐平,使成水平;加工至齐平,铲平,整平,磨平,锯平,刮平;锯薄,砍薄

arbre（m） 轴,主轴;轴套,连接部件

　～-bras 辐臂,轮臂

　～ centré dans son coussinet 已在轴承内定好中心的上轴

　～ du compas 测圆架中心轴

　～ croisillon 轮辐轴,轮毂轴

　～ de forge 锻制大轴

　～ inférieur 下轴

　～ intermédiaire 中间轴

　～ normal 标准轴,基轴

　～ supérieur 上轴

　～ turbine 水轮机轴,水轮机轴法兰

arc（m） 电弧,电弧放电;电焊,焊接

arêtes（f. pl）de sortie 轮叶的前、后缘,叶片的进水边和出水边

argent（m） 银（Ag）

argon（m） 氩（Ar）;焊药

armoire（f） 箱,匣,容器,柜,控制柜,配电柜,开关柜;板,盘,配电盘,电缆头,电缆终端

　～ d'excitation 励磁柜

　～ de la ventilation 励磁柜通风

arrachement（m） 拔去,扯下,拔除,拔出,拉出;弄毛

　～s de métal （金属）管壁弄毛

arrêt（m） 停止,限止,关闭,锁定;断路,断开;停车,停机;制动,止动器,制动

器,制动装置,止动板,锁定板,卡板;末端

　～ d'air 气密封装置,空气制动器,风闸

　～ de dépose règle 测杆固定板

　～ d'enrubannage 绝缘带迭绕端部

　～ d'huile （上导轴承)油槽盖;气密封装置,油封装置;密封座圈

　～～ inférieur 下部气密封装置

　～～ supérieur 上部气密封装置,上部密封座圈;油槽盖板

　～ de l'isolation 绝缘末端

　～ par soudure 点焊

　～ d'urgence 事故停车,紧急制动

　～s de clavette 键的锁定件

arrêter（vt） 停止,阻止,关闭;止动,制动,使固定,锁定,封固,焊死;断开,断路

　～ par soudure 点焊,焊牢

arrivée（f） 来到,到达;进入;进口;进气

　～ d'air 进气;进气[风]口;进气量

　～ de pression 压力油进入

arrondi（m） 成圆形,磨圆;倒圆,倒角

arrondir（vt） 倒圆,磨圆,使成圆形;进整,取整,使成整数（四舍五入）;增加

aspérité（f） 粗糙;不平度,（表面)粗糙度;粗糙处[面];凹凸不平,凹凸不整外貌

aspirateur（m） 尾水管;抽气机;吸尘器;空气泵;排气通风机

　～ de[d'une] turbine 水轮机尾水管

aspiration（f） 吸,吸气,吸油;吸收,吸入

～ d'huile　进油管,吸油孔(口)

assemblage（m）　安装,装配,拼装,组合,
组合安装,组装;组(装)件;接缝,组合
缝;组合面;装配尺寸;连接,接合

　　～ des bras sur le tourteau　支臂与中
　　心体组装

　　～ carcasse　机座组装

　　～ du coussinet　导轴承体

　　～ ～ croisillon rotor　转子轮辐［毂］
　　组装

assembler（vt）　装配,安装,组装,组合,
接合,集合,组装成整体,组合成一体;
紧固;连接

asseoir（vt）　建立,树立;规定,确定,制
定;论证,说明理由;安放

asservissement（m）　反馈,回授;反馈系
统,反馈装置,回授装置;同步装置;辅
助设备;随动,伺服,随动装置,伺服系
统;随动系统,跟踪系统;控制系统,控
制器;动作机构

　　～ direct de la puissance　功率的直接
　　反馈

　　～ d'[de l'] ouverture　开度反馈

　　～ permanent　硬反馈,静态反馈

　　～ ～ de la puissance　功率硬反馈

　　～ de puissance　功率反馈

　　～ temporaire　软反馈,弹性反馈,暂态
　　反馈,缓冲反馈

　　～ de la vitesse　转速反馈,速度反馈

assise（f）　座,支座,底座,基础;支承面;
基础板,环板,锚板,锚定板;层,岩层,
地层,基岩层,矿层;排;固定位置;圬
工,砌体,砌砖;托架,支承

　　～-carcasse　基础—机座,机座底部,基
　　础板

　　～ comprenant　一套基础板合计,计入
　　(包括所需)基础板

　　～ inférieure　下部环板,下环

　　～ du pot　轴套外壳

　　～ supérieure　上部环板,上环

　　～ du support pivot　推力轴承(支)座

associé（a）　协同的,联合的

associer（vt）　结合,联合,连接

assujettir（vt）　(使)固定

　　～ à　迫使;安,安放,安置;装置;安装

assurer（vt）　(向…)保证,确证,使确
信,(对…进行)保险;担任;使牢固,
使固定

atelier（m）　车间,工作间;工厂,制造厂

　　～ mécanique fine　精加工车间

　　en ～　厂内

attache（f）　固定件;夹子,线夹;接头

　　～ de câblage　电缆夹(子)

attacher（vt）　绑住,缚住;绑扎,固定,锁
定,连接,附上;归入

attendre（vt）　等候,等待;齐备;指望,期
望,期待;需要

attitrer（vt）　指派,指定,定,规定,决定,
配定

au(-)dessus de（loc. prép）　在…之上,
在…上面,在…以上,高于;胜过,超越

augmenter（vt）　增加,增大,增高,升高,
提高,举起,抬起

autorisation（f）excit.［de l'excitation］
励磁投入

autotransformateur（m）　自耦变压器,单

圈变压器

auxiliaire（*a*）辅助的,补充的,备用的

auxiliaires（*m. pl*）辅助设备,附属装置；
附件,备件

~ d'enclenchement de l'excitation　灭
磁开关合闸时的辅助设备

avantage（*m*）优点,优势；利益

avarié（*a*）破损了的,损坏的,（弄）坏了
的；发生故障的

avertir（*vt*）通知,告知；见附图；警报,预
报；警告,提醒,引起注意,提请注意；发
信号

axe（*m*）中心线,轴线；轴,心轴,心棒,
转轴,轴销,销杆,连接轴

~ amont-aval　机组的纵向轴（上游—
下游）,上游—下游轴线

~ amont symétrique　对称的上游侧中
心线

~ au centre du groupe　机组中心的
轴线

~ de la chape　叉端销钉

~ ~ chaque pôle　（每个）磁极中心线

~ du circuit magnétique　铁芯中心线

~ de la commande　操纵轴,传动轴

~ du groupe　机组中心线

~ guidage aux bagues　连接法兰轴线

~ joint　接缝线

~ ~ carcasse　定子机座合缝线

~ pale "référence"　轮叶[叶片]中心
"基准线"

~ phases　相线轴线

~ de référence　基准,基准线；基准轴,
参考轴,读数轴,计算轴

~ rive droite-rive gauche du groupe
机组的横向轴线（右岸—左岸）

~ rive droite symétrique　对称的右岸
中心线

~ de rupture　破[剪]断销

~ ~ symétrie　对称轴（线）

~ théorique　理论中心线（距离）,设计
轴线

~ vertical du groupe　机组的垂直中
心线

azote（*m*）氮(N)

B

bac（*m*）槽,箱,油箱,桶,罐,盘；外壳

~ à huile　油槽,集[储]油漕,油箱,油
罐；下油盘

~ de récupération　集油槽,泄[放]
油槽

bâche（*f*）蜗壳；壳,罩,套；箱,槽；容器

~ en béton　混凝土蜗壳(不完全蜗壳)

~ fronto-spirale　前口[面]型蜗壳

~ spirale　蜗壳,水轮机蜗壳[外壳],
螺旋形蜗壳(完全式蜗壳,金属蜗壳)

bague（*f*）环,滑环,套环；套管[筒],衬
套,衬筒；圈,压圈,金属密封圈；轴衬

［套］,轴瓦

～ ajustée　定位套筒

～ d'appui　支承环,支座环;止推轴衬;垫环;支［垫,夹］圈

～ ～ du ressort　弹簧盖

～ en bronze　青铜轴瓦

～ de centrage　定位套筒,定心［位］环

～ de collecteur　集电［流］环,滑环

～ fiberglide　特氟隆轴套(菲伯格莱德是生产特氟隆的公司)

～ inférieure　(操作油管)下导向瓦,下(引导)瓦;(转轮)下环,(座环)下环

～ intérmédiaire　(操作油管)中导向瓦,中(引导)瓦

～ isolante　绝缘环,绝缘套筒

～ porte-joints　盘根压环,轴套密封环

～ supérieure　(操作油管)上导向瓦,上(引导)瓦

baguette (f)　条,棒;焊条;扁钢;齿杆

～ filetée　螺纹杆

～ de soudure　焊条

bain (m)　槽;浴;熔池;浴池

～ de résine polyester　聚酯树脂的槽内

bakélite (f)　电木,绝缘胶木

balai (m)　刷,电刷,炭刷,刷握;接触刷

～ de bague　汇电环,滑环,接触环,集电环

～ ～ ～ collectrice　集［汇］电环刷,接触环刷,带刷接触环

～ de collecteur　集流电刷,集电刷,集电刷,整流子(换向器)电刷,整流电刷

～ isolé　绝缘电刷,绝缘刷握

～s ～s du collecteur　集流绝缘电刷,整流绝缘电刷

～s sur bague　滑环用刷,带刷滑环

～s ～ collecteur à lames　薄片式集电［流］刷

balayage (m)　扫描

～ horizontal　水平扫描,行扫描

～ vertical　垂直扫描,场扫描

balourd (m) mécanique　力的不平衡

bande (f)　带,条,板条,推板条(下线工具);(穿孔)纸带

～ de calage　垫条

～ ～ ～ latéral　侧面垫条

～ ～ caoutchouc　橡胶［皮］带

～ ～ ～ silicone　硅橡胶带

～ de carton　纸板带

～ ～ cuivre　铜块,铜板

～ élastique　橡胶带,橡皮带,弹性带

～ ～ de calage　挤紧用橡皮带

～ de fermeture　"闭合圈",闭合圈平面

～ ～ ～ supérieure　上部闭合圈

～ ～ feutre　毡带

～ ～ ～ tergal　圈脊纹毡带,脊纹毡带

～ formée en cornière, constituée de feutre tergal graphité　L形石墨脊纹毡带

～ de mousse néoprène　泡沫尼龙密封带,泡沫氯丁橡胶带

～ ～ ～ nylon　泡沫尼龙带

～ ～ papier graphité　石墨纸带

～ passante　通带,通频带,传输频带

~ perforée　有孔垫条,穿孔带,穿孔纸条,有孔玻璃布板条

~ de réglage　调整垫条

~ ~ section carée　矩形带

~ ~ serrage　压板带

~ stratifiée verre polyester　聚酯玻璃布层压板条

~ supplémentaire de feutre　附加的绕脊纹毡带

~ du tachymètre　测速通带

~ de téflon　特氟隆轴瓦[里衬]

~ ~ triacétate de cellulose　三醋酸纤维带

~ ~ verre polyester perforée　有孔聚酯玻璃(布板)带

bander（*vt*）　拉[收,变,抽,束,绷,扎,拧,敲]紧;捆住,扎住,包扎;调整

bar（*m*）　巴(大气压力单位,1 巴＝10^{5}帕)

barre（*f*）　棒,杆,条;(定子)线棒;导电条,汇流条[排],母线;铜排;焊条芯;钢筋

~ d'alimentation　汇流母线,汇流条

~ amortisseur　阻尼棒

~ côté entrefer　上层线棒,气隙侧线棒

~ de distribution　配电[汇流]母线,(配电)汇流条,配电汇流排;配力钢筋,分布筋

~ d'entrefer　上层线棒,气隙侧线棒

~ fond d'encoche　下[底]层线棒,槽底线棒

~ multiple　多芯线棒—线圈

~ omnibus　(汇流)母线,(馈电)汇流条,汇流排

~ de plan de fond　下层线棒

~ recouverte de peinture antieffluve　涂防电晕漆线棒

~ ROEBEL　罗贝尔(换位)线棒

~ de sortie　输出母线

~s à connexion　线棒接头

~s à électrode condensateur　具有内屏蔽电容电极的线棒

~s isolées　有绝缘层的线棒

~s de sorties　接线板

barreau（*m*）　棒,杆,条;心轴;定位筋,立筋

~ clavette　定位筋,键棒

~ ~ stator　定子定位筋

~ intermédiaire　中间定位筋

~ réglé à la jauge micrométrique　用千分表调整过的定位筋

~x porte-clavettes　键棒

barrette（*f*）　板,平板;锁定板,控制片;杆

~ de cuivre　铜接头

~ ~ jonction　接头

~s ~ raccordement-cuivre　铜质连接板

bas（*m*）　下[低]面,下[低]部,下端;下层;下限;下游

en ~（*loc. adv*）　底[下]部,往下(面),朝下(地),朝地上,在下;在下面[边]

~ ~ de（*loc. prép*）　在…(之)下,在…下部,(在…)下端

bascule（*f*）　触发器,触发(器)电路

~ de fréquence　频率触发器

basculement (*m*)　触发;倾斜[覆];摇摆

basculer　(*vt*)吊,挂;使倾斜　(*vi*)一上一下,上下动;摇动,摆动;翻转,后仰,倾斜

basculeur (*m*)　触发器,触发(器)电路

base (*f*)　基,基本原料,主剂,(混合物的)主要成分;底座,基座,基础;基线,基面,底面;一端

~ de la cale d'encoche　下层线棒底部,线棒槽底部

bâti (*m*) de petite dimension　小型顶盖

bavure (*f*)　毛刺,毛口;飞边,卷边;焊渣

bec (*m*)　嘴;喷嘴[管];尖端,凸[突]出部分,前缘,端部

~ de bâche　鹰嘴导叶,蜗壳尖端[端部]

béton (*m*)　混凝土

~ primaire　(第)一期混凝土

~ secondaire　(第)二期混凝土

bétonnage (*m*)　浇[灌]筑混凝土,混凝土浇筑,混凝土施工;混凝土工程

~ deuxième phase　二期混凝土浇筑

~ première phase　一期混凝土浇筑

bétonner (*vt*)　灌注混凝土,浇灌混凝土

bicône (*m*)　双锥体,锥形连接体,双锥形接头

bidon (*m*)　油箱;带盖铁桶;缸

~ de 5 litres　装 5 立升缸[油箱]

18kg en 2 ~ s　18 千克分装在 2 个缸[油箱]内

bielle (*f*)　连杆;摇杆,摇臂;杠杆;拉杆;连接杆;心轴

biellette (*f*)　小连杆,副连杆,连[联]杆,连接杆,连接物,联板;拨杆;摇杆;拉杆;栓;楔;键;销;链节,环节;环,滑环,挂环;吊耳

~ extérieure　外连杆

~ intérieure　内连杆

bille (*f*)　滚珠,小球,球,球体;绳索,索环;侧滑指示器;原木

biseau (*m*)　斜面,斜边,斜棱;倒角;楔形体

"**Bisolite**"　酚醛层压板

bisulfure (*m*)　二硫化物

~ de molybdène　二硫化钼

blesser (*vt*)　损害,损伤

bleu (*m*) de Prusse　普鲁士蓝,深蓝色;亚铁氰化铁

bleuissage (*m*)　发蓝,发蓝处理

blindage (*m*)　挡板,护板,防护装置;铠装;屏蔽

~ d'amenée　进水口里衬

~ ~ , inférieurs et supérieurs　进水口顶部和底部里衬

~ aspirateur　尾水[吸出]管里衬

bloc (*m*)　块,垫块,滑块,体;附件,部件,机件;机构,装置;一组,一套,一排;束,捆,叠,堆;组,字组;部分,段,节,区段

~ en acier　钢块

~ de béton　混凝土块

~ ~ bois　木块

~ ~ jonction　端子板

~ s d'assemblage　组装块

~ s contacteurs　2 副触[接]点

~ s support de jante　轮缘支承块

8 ~s de 200 mm de hauteur 8 个 200 毫米高的垫块

blocage (*m*) 锁定,锁闭,固定,装上;扳紧,夹紧;闭塞,闭塞装置;联锁装置

~ de l'arbre sur le croisillon rotor 上轴和转子轮辐锁定,上轴和转子轮毂连接固定

~ initale 第一次打键

bloquer (*vt*) 联锁,锁定［住］,制动,锁闭,固定,装固,紧固,紧密贴［粘］合;装在;封好,旋紧,顶紧,扳紧

bloqueur (*m*) 锁销,止动销,止动螺栓;止动器,制动装置;夹子,夹钳,夹具;卡圈,卡圈定销

bobinage (*m*) 绕组,线圈,线棒;下线,绕组操作,绕制线圈;缠,绕,卷

~ du 2ème plan 第二层线棒,上层线棒

~ ~ 1er 第一层线棒,下层线棒

~ des pôles 磁极线圈

~ stator 定子下线

~ ~ en fosse 定子在基坑下线

~ terminé 下线(完成)后,下线结束

bobine (*f*) 绕组,线圈

premières ~s 第一圈绕组

bobineur (*m*) 下线工,绕线工

bois (*m*) 木料,木块,木材

~ de calage 楔木

boîte (*f*) 箱,盒,匣,套,罩;盖子,端盖;外壳,外套,外体,壳体

~ à bornes 端子箱［盒］,端钮箱［盒］,接线盒;分线盒

~ ~ cames 分配盒;凸轮箱,凸轮轴室

~ ~ clapet 活门箱［室］,阀球箱,阀箱

~ ~ huile 轴箱,滑油箱,油槽,油槽底板

~ ~ ~ inférieure 油槽底板

~ de raccordement 端子箱［盒］,控制端子箱;接线盒［箱］,分线盒［箱］,电缆分配盒;接头,连接器;分电箱,配电盒

boîtier (*m*) 外壳(仪表的),表壳,外套;盒,箱,套,匣;制箱［盒］工人

bombement (*m*) 膨胀,突起,凸形

bord (*m*) 边,缘,边缘,端;限界,极界

~ inférieur 下缘,下边,下边缘

~ supérieur 上缘,上端,上边缘

bordage (*m*) (边)框;弯［翻,折,卷,镶］边

borne (*f*) 接线柱,端子,接线端子,出线端子,端子接头,引出端,输出端;抽头,引线,引出线

~ chauffage 加热器接线端子

~ excitation 励磁接线端子

~ stator 定子出线端子

~s 引出端子线

bossage (*m*) 凸起部(分),凸缘;凸耳［台,条,形］;加厚部分,加厚板,螺孔板,极耳板(蓄电池的);管座,螺栓座;螺塞,孔嘴［口］,管嘴,放气［进油］嘴;引出接头;轮毂;螺旋桨桨根;突缘,突出部(机械零件的)

~ 13 Gaz ϕ13 放气嘴

~ pour vidange 放油孔

bouch (*f*) 口,孔,嘴,眼;口径;栓

~ d'alimentation 供应点[孔，口]

~ ~ d'air comprimé 压缩空气供
应点

~ ~ d'eau propre 清洁水供应点

boucher (*vt*) （填）塞，塞紧，闭紧，关闭，
闭塞；盖在，盖(盖子)；锁定，封锁

bouchon (*m*) 塞子，嘴[旋，螺，阀]塞，丝
堵，塞柱，盖子，螺盖；端板；(保险)插头

~ d'aération 通气孔

~ en bois （软）木塞

~ femelle 母螺塞；管帽，插座，帽堵；
盖堵

~ fileté 螺塞，螺纹塞，活塞端塞

~ mâle 公螺塞，塞子，柱塞，插塞

~ plastique 塑料塞(子)

~ purgeur 放气塞，放油塞

~ de vidange(de l'huile，d'huile) 放
[排]泄塞，放泄孔[口]塞；放油塞，
放[排]油螺塞，滑油箱放油螺塞

boucle (*f*) 扣，环，圈，匝，箍；夹线板，压
板；卡钉，卡瓣，夹子；线棒；接头，接头
部分，线棒接头

~ de connexion 线棒接头

~ inférieure 下部接头

~ normale 标准线棒(接头)

boule (*f*) 球，钢球；球阀

boulon (*m*) 螺栓，装配螺栓[丝]，螺杆；
螺钉

~ d'accouplement 联轴[连接]螺栓

~ d'assemblage 装配[安装]螺栓，连
接螺栓，工艺螺栓

boulonnage (*m*) 螺栓固定[装配，连接，
联结]；螺钉，螺栓

~ non arrêté mécaniquement 不用机
械装置锁定的螺栓

boulonnerie (*f*) 零件：螺栓，螺栓和螺
母，螺栓类(总称)；螺栓工厂

~ d'accouplement 连接螺栓

~ d'assemblage 装配螺栓

bourrage (*m*) 填料，腻子，充填物；衬垫，
气垫，绝缘垫；填，塞，填塞，堵塞；捣固

bourre (*f*) 填料，内衬

bousculer (*vt*) 挤，撞，碰撞；碰击位移

bout (*m*) 头，端(部)，尖，终端，末端，尾，
底；一截，段，片，块；端板，接头

~ à bout (*loc.adv*) 对[相]接，一端
接一端地，端端相接，一头[个]接一
头[个]地，首尾相接地，两个头

bouton (*m*) 钮，旋钮，按钮；把手；轴颈，
销(钉)

bouton-poussoir(**BP**) (*m*) 按钮

~ fermé au repos 动断[常闭]按钮

~ ouvert ~ ~ 动合[常开]按钮

BP d'enclenchement de l'excitation 闭合
励磁开关按钮

branchement (*m*) 接入，接通；连接，接
合，连接部位；分支，分路，支管，支线，
管路；接线，引线

brancher (*vt*) 接，连接，接合，接入，接通

bras (*m*) 臂，测臂，支臂，辐臂，桥臂，杆，
螺杆

~ du compas 测圆架辐臂

~ de démontage （推力瓦)拆卸用
吊臂

~ supplémentaire 附加辐臂

brasage (*m*) 钎焊，钎接；接头，钎[焊]接

头;铜焊,锡铜焊,接头铜焊;铜焊设备;
低温焊,锡焊

　～ des boucles normales　标准线棒接
　　头铜焊

　～ ～ connexions　接头铜焊

brase（*f*）étanche　铜焊密封

braser（*vt*）焊,焊接,钎接[焊],硬焊,铜
焊(接),用黄铜制造

braseuse（*f*）铜焊机

brasure（*f*）钎焊处,焊接处,铜焊点,钎
焊缝,焊缝;钎焊,焊接;接头,焊接头;
(硬)焊料,焊剂;铜焊条[片]

　～ baquette　铜焊条

　～ clinquant　铜焊片

　～ phosphore agent　磷银焊料

bride（*f*）压板,盖板,夹(线)板,夹子,
钩板;法兰,法兰盘,凸缘法兰盘,法兰
面,承头面,凸缘;夹箍,法兰盘卡箍;加
强块;套,环,轴环,绝缘连接环

　～ d'accouplement　联轴[接]法兰,接
　　合处的凸缘;接合面,接合处

　～ à accoupler　连接法兰

　～ amont　上游轴线处

　～ d'arrivée d'eau　进水管法兰

　～ ～ d'huile　进油管法兰

　～ articulée　连接法兰

　～ d'assemblage　组装接合面,法兰接
　　缝,组合法兰(面)

　～ aval　下游轴线处

　～ circulaire　环形组合件,圆法兰,法
　　兰圆周

　～ à collerette　法兰,(圆)法兰盘

　～ ～ ～ avec gorge　有槽圆盘法兰

　～ du cône　锥体法兰面

　～ d'extrémité　接线鼻子,接线片

　～ de fixation　垫片,装配法兰,安装卡
　　子,固定夹;接合[紧固,固定]凸缘;
　　引出线

　～ de FIX. ITR　(固定单管用)夹板

　～ inférieure　下法兰

　～ de niveau　承压面的水平度

　～ ovale　椭圆形法兰

　～ plate　法兰,普通法兰

　～ ～ avec gorge　槽法兰,带槽法兰,有
　　槽普通法兰

　～ ～ carée　方形法兰

　～ ～ spéciale　扁平特制法兰

　～ pleine　封闭法兰盘,无孔法兰盘;
　　闷盖

　～ de raccordement　连接法兰,管口
　　法兰

　～ recevant le support du palier　承受
　　导轴承支持环[座圈]的平面

　～ se trouvant à l'extrémité des bras
　　机架支臂端部的法兰

　～ de sortie d'eau　出水管法兰

　～ spéciale　特制法兰

　～ supérieure　上面,上部法兰

　～ de support　支承扣带,支承箍;阀壳

　～ ～ traction　法兰,压盖

　～ du tube Kaplan de fermeture U₇
　　"关闭"卡普兰水轮机操作油管 U₇
　　的法兰

　　contre ～　中间法兰

brider（*vt*）系,缚,扎,绑;夹紧,紧固,固
紧,收紧;作凸缘,装凸边或法兰(盘);

弯边;弯边作凸缘;贴靠;制止

briser（*vt*）打［折］断,打［破,击,炸］碎,震裂,摧毁,曲折,弄裂,毁［破］坏;取消;疲劳

broche（*f*）销,销钉,定缝销钉,柱销,插销;插头,接头,接点,端子;杆,扳杆;螺栓;轴,主轴,心轴,接轴

～ de centrage 定位销

～ repérage 定位销

bronze（*m*）青铜

brosse（*f*）métallique 金属刷

brûler（*vt*）点火,燃烧,烧坏

brunissage（*m*）磨光,抛光;光饰

brut（*m*）毛坯

Buchholz （见 relais Buchholz）气体继电器

～ 1^s stade 气体继电器第一阶段动作

bulbe（*m*）球形零件;球状物;灯泡;球形热敏元件,探头（信号温度计）

bulle（*f*）水泡,气泡,小气泡

～ d′air （空）气泡

buna（*m*）丁（二烯）钠（聚）橡胶,布纳橡胶

buse（*f*）喷嘴［口］,喷射油嘴,进油孔,焊嘴,喷管;排气孔,通气管;短［套］管

～ d′air 通气孔,排气道［孔］,喷气嘴［管］

～ d′entrée d′air 进气口［道］,进气嘴,进风口;扩压器,扩散器

business（*m*）事务,业务,买卖,交易;企业

butée（*f*）止［指］挡,挡块,挡销,凸条;限制器,限动器,制［止］动器;压板,推力垫圈,弹簧盖;止推轴承,端轴承;推力轴承;支柱,支架,支座

～ d′arrét 车挡,挡块,挡铁,挡销,压块;限位块,限动器

câblage（*m*）接线,布线,敷线;导线,电线,电缆,架［敷］设电缆;电缆连接,导线连接;电路

～ d′excitation 励磁引线

～ de liaison 连接线

～ RNL 灭磁电阻（属非线性电阻）接线图

câble（*m*）电缆,导线;接线,引（出）线;钢丝绳

～ d′alimentation 电源［动力］电缆,馈电［线］电缆,供电电缆

～ blindé 屏蔽［铠装,隔离］电缆,屏蔽线,绝缘电缆,绝缘导线

～ d′excitation 励磁电缆,励磁引线

～ de faible diamètre 小线径导线

～ ～ liaison 通信［联系］电缆,连接电缆;连接线

～ ～ masse （接）地线

～ non isolé 无绝缘的电缆

～ de raccordement 连接电缆,中继电

缆;连接线

~ ~ sortie 引出线

~ souple 挠性[可挠]电缆,软电缆;
电缆绳

~s des sondes 电阻温度计的接线

2 ~s en // 两根导线平行布置

cache（f） 密封压环;封板,隔板[膜];防
护装置;盖,套,罩,壳

~ boulons （联轴）螺栓保护罩

les 2 demi ~ ~ 2块对半(螺栓)保护罩

cadmiage（m） 镀镉

cadran（m） 刻[标]度盘,表盘,分度盘;
(拨)号盘

cadre（m） 框,边框,框架,底架,骨架,构
架;环形天线,枢型空中线;线圈,绕线
架,卷筒,电路,回路,环路

~ de caillebotis 格栅架

~ ~ connexion 接线框

~ isolant 绝缘垫圈

~ ~ intérieur 内侧绝缘垫圈

~s de connexion extérieurs 外侧接头

souple ~ intérieur 软性接头,挠性
连接

cage（f）à[de]roulement 轴承壳[罩,
座];滚动轴承座圈,滚子框架

cahier（m）des charges 规格[范,程],技
术规格[要求,条件],技术说明书,技术
规范[程]

~ ~ ~ type 标准规范

caillebotis（m） 格栅,栅板,格孔车底板;
格子盖,篦子盖,舱口[防湿]格子盖板;
格板,垫板

caisse（f） 箱子

~ en bois 木箱

caisson（m） 框格,框,柜,箱,盒,匣

calage（m） 垫楔,槽楔,楔板,垫板,垫
块,垫条,垫木,衬垫,填隙片;塞垫块;
用楔子紧固;塞住,楔住;楔紧方法,垫
紧方式;安装角;定位;准确装配;调节,
调整

~ en cacier 钢制垫块

~ enroulement 绕组[线圈]调整

~ de fermeture 槽楔

~ ~ ~ d'encoche 定子线槽槽楔

~ latéral 侧面垫条

~ radial 径向垫塞

sans ~ 不加衬垫

calcul（m）à effectuer 运算

cale（f） 楔,槽楔,楔规;垫,垫块,支块,
垫条,垫片,隙片,衬垫(物),隔离物;盖
板,端板,键,销,栓;规,尺

~ biaise （斜）楔,(斜形)楔板;衬垫,
垫片,斜面衬垫[垫片]

~ de bois trapézoïdale 梯形木楔

~ ~ butée 推力瓦隔块[托盘]

~ ~ centrage 中心找正用隙片

~ conique provisoire en bois 临时用
锥形木楔

~ droite 右侧楔规,右调整块

~ d'encoche 线槽楔,槽楔(电机的),
槽底垫条

~ ~ en stratifié mat époxy 环氧层压
板槽楔

~ d'épaisseur 薄片,密封垫,调整垫
(片);量隙[厚度]规,塞尺

~ de fermeture 槽楔

~ gauche 左侧楔规,左调整块,间隙
填片

~ de glissement （磁极）滑块;滑动间
隙填片

~ intermédiaire usinée 加工的中间
垫条

~ provisoire trapézoïtale en bois dur
临时用梯形硬木槽楔

~ rectifiée aimantée 精加工磁性垫块

~ stratifié 层压板垫块

~ ~ mat polyester 聚酯层压板垫块

~ en stratifié 层压板垫块

~ ~ ~ mat de verre polyester 聚酯
玻璃层压板垫块

~ supplémentaire 附加垫块

~s soutien 支承板

~s en tôle 铁板作垫片

caler (*vt*) 调整,定位;用楔支垫,加垫,
塞以垫块,垫以［要垫］垫片;支住,楔
住,夹住,楔紧,放在,顶在,垫到

calibre (*m*) 规,厚薄规,内径规,量规;卡
钳,卡尺;口径,开口度;测径器;样板

~ (à)mâchoire 卡尺,卡规,隙规,外
径规

calibrer (*vt*) 测量,测量［制定］大小,量
口径［内径,直径］,定径,规定口径［内
径,直径］;定标;分度;校准,调准［节］

calorifuger (*vt*) 隔热,绝热;包以保温
材料

calrod 卡尔罗德电阻加热器

came (*f*) 凸轮;卡盘;偏心轮

canaux (*m. pl*) 管道;水［渠］道;通道

~ de la roue 转轮流道

~ ~ ventilation 通风沟［道］;通风管
道;冷却道（铁芯的）

caniveau (*m*) 电缆沟;槽,水槽,细槽,凹
线;沟,小沟,排水沟,渠;滚道（轴承的）

canne (*f*) 小棒,小管;标杆,标尺

~ chauffante 电阻加热器,螺栓加
热器

cannelé (*a*) 槽形的,有槽的,开槽的

cannelure (*f*) 槽,线槽,键槽

caoutchouc (*m*) 橡胶,橡皮

~ mousse 海绵状橡胶,多孔橡胶

~ néoprène entoilé 加布氯丁二烯橡
胶,加布氯丁橡胶

~ rond 密封绳

~ silicium 硅橡胶

~ silicone 硅橡胶(带),硅酮［氧］橡胶

~ synthèse 合成橡胶

~ synthétique nitrile 含腈合成橡胶

capacité (*f*) 电容,电容量;容量,容积;
功率,能［出］力,电容器,冷凝器

~ condensateur 电容器

~ d'un condensateur 电容器电容,
(电容器的)静电容量

capacitif (*a*) 电容的,容量的

capillaire (*m*) 毛细管,尾管

capot (*m*) 帽,帽盖,盖(子),顶盖,阀盖,
罩;盒,套,外壳

~ conique 锥形罩

~isolant 绝缘帽［罩］,绝缘帽盖,绝缘
套,绝缘外套［壳］

~ supérieur 受油器上部罩壳

~ support 受油器支座

~ de variomètre 传感器保护罩

~ en verre polyester 聚酯玻璃纤维帽盖

capote（*f*） 盖,帽,罩,套,盒,壳;机壳,外壳[套]

capteur（*m*） 传感器,变换器

caractéristique（*f*） 特性,性质;性能;特性曲线

~ dynamique 动态特性(曲线),动特性

~ externe （发电机的)外特性,电压调节特性

~ linéaire 线性特性,直线性特性(曲线)

~ non-linéaire 非(直)线性特性(曲线)

~ statique 静态特性(曲线),静特性

~s mécaniques de l'acier inox. 不锈钢的力学性能

~s techniques 技术数据,技术特性[性能]

carbone（*m*） 碳(C);碳黑;复写纸

~ amorphe 无定形碳,非晶形碳

carbonisation（*f*） 碳化,碳化作用

carboniser（*vt*） （木材等的)干馏,(使)碳化;把…涂黑,变黑

carbure（*m*） de silicium 碳化硅,金刚砂

carcasse（*f*） 架,支架,骨架,框,框架;机座,底座;承力结构,受力构件组;外壳

~ de machine 机组框架[结构]

~ ~ profilé métallique 金属框架

~ en 4 parties 机架 4 块

~ (du)stator 定子机座

carotte（*f*） de guidage 保护盖

carre（*f*） 板厚度;切头;钝边(焊接的)

carré（*m*） 方材,方料,方头,方条钢,锁定条

carte（*f*） 图,地图,图表;卡片;印刷电路,回路,电路板

~ CP 印刷电路 CP

~ PA 印刷电路 PA

~ d'une région ou d'une route 地面或道路地形图

carter（*m*） 箱,阀球箱,盒,机盒,套,匣,机匣,壳,罩,护罩,挡板,盖板

carton（*m*） 纸板;型板

cas（*m*） 情况,场合;可能,机会;条件;事件

~ 1 第一种情况

~ de charge 负载[荷]条件,负载状态[情况]

le ~ échéant（*expr. id*） 如果有这种情形的话,假使[如果]有这种情况,倘若[如果]发生这种情况;(当)需要时,如果需要;必要时,如有必要;必需情形

case（*f*） à remplir 填写表格,填写入(表中)空格

casque（*m*） 耳机;盔,工作帽,飞行帽

casque-écouteur（*m*） 带耳机飞行帽

~ pour contrôleur 测量耳机

catalyseur（*m*） 催化剂,接触剂,触媒剂;触媒,催媒

catégorie（*f*） 类,种类,类别;等级,范畴

~ de tôle 叠片等级

cathode（*f*） 阴极,负极

cavalier（*m*） U 形插座,U 字(形)钉,U形夹板;接线柱

cavitation（f） 空蚀,空穴(现象),空泡,空化

cavité（f） 孔穴,孔隙,砂眼(缺陷)

cédage（m） 紧密性;减弱[轻];稀释,冲淡;和缓,放松

　～ maxi. (maximum) 最大紧密性

ceinturage（m） 捆,围捆,束,缠;上箍,打箍,箍紧;消[吸,隔]音(作用,材料);减弱;圈梁

ceinture（f） 转轮室,外边圈,轮箍,箍,带;(电缆的)绝缘带;下环

　～ inférieure 转轮室下环[段]

　～ de roue 转轮室

　～ ～ inférieure 转轮室下环

　～ ～ ～-partie inférieure 转轮室下环

　～ ～ ～-partie supérieure 转轮室上环[段],上部转轮室

　～ ～ ～ supérieure 转轮室上环

　～ supérieure de roue 转轮室上环

ceinturer（vt） 束,缠,绕,捆,围捆,绑扎

célérité（f） 速率,速度

celluloïd（m） 赛璐珞

cellulose（f） 纤维素,纸浆

centrage（m） (中心)定位,定(中)心,找中心,校正中心,中心调整;确定重心位置,中心位置,重心定位;同心度

　～ des pièces 部件的定心

　～ parfait de l'arbre turbine 完全对准水轮机轴中心

centrale（f） 发电站,发电厂,电站厂房,中心(站),现场

　～ hydraulique 水力发电站[厂],水电站[厂]

　～ hydroélectrique 水力发电站[厂],水电站[厂]

centré（a） 定(好)中心的,固定(中心)位置的,置[调]中心的;定轴向的;同心的

centre（m） 中心,轴心,中心点

　～ de la carcase 测圆架的中心轴

centrer（vt） 对准(中心),找正,调整,定位;对中(心),置中,(放)在…中心,(决)定中心,定心,校正…中心,调(整…的)中心,调整轴心

　～ le compas 校正测圆架的中心

céramique（f） 陶瓷,陶器

cerce（f） 样板,模型;环,箍;环形钢筋

cercle（m） 圆,圆周;圈,环,环形件,箍,轮箍;度盘

　～ de connexion 环形母线,环型连接线,环状(连接)线棒;支持环

　～ inscrit 内切圆

　～ de synchronisation 联动环

　～ théorique 理论圆周

　～s de connexions en cuivre méplat 扁铜环状连接线棒

chaîne（f） 电路,通路;波道;绝缘子串

　～ directe 直接电路

　～ de stabilisation 电路稳定性

chair（f） 纤维;纸浆;泥浆

chaleur（f） 热,热量,热气

chalumeau（m） 吹管,焊枪,焊炬,割枪,燃烧嘴,喷灯

chambrage（m） 扩孔[眼],锪孔[窝];凹槽;锪钻

chambre（f） d'équilibre 调压塔,调压室

chamois（m） 麂皮(抛光用)

chandelle（*f*） 支柱,（垂直）支撑,撑板

chanfrien（*m*） （开）坡口,焊接坡口,止口,倒角

  ～ de reprise d'isolation 绝缘末端的坡口部位

  ～ pour soudure 封焊用坡口

  ～s S,T,U,V sur la face supérieure S、T、U、V（圆盘 disques 的编号）的上面坡口

chanfreinage（*m*） 倒角,倒棱,开坡口,斜切;焊接坡口处理

chanfreiner（*vt*） 倒角,修好…倒角,做好倒角,倒棱,开[倒]坡口,去角,斜切;槽舌接

changer（*vt*） 变更,更动,变动,改变

chantier（*m*） 工地,建筑工地[现场]

  ～ extérieur 施工现场

  petit ～ constitué de 2 chevalets 用2个台架装配成的小型装配平台

chape（*f*） 套,罩,盖,层,外套,外壳;支架,支座,叉头铰座;叉形接头,叉头,叉端,叉头螺杆;法兰,轮叶拐臂;U形夹;环,钩环

  ～ de levage 吊装用叉端

  ～ ～ vérin 推泵,顶起油泵

chapeau（*m*） 筒,喷筒

charbon（*m*） 煤,炭;碳精(棒,电极)

  ～s 碳精密封,碳精瓣体

charge（*f*） 荷载[重],负载[荷];电荷;充电;增压,压重;进[装,填]料;水位高差;河流挟[携带泥]沙

  ～ maximum de 2,5t au m² 最大荷重为 2.5 t/m²

  ～ nominale 额定荷载[负荷]

  ～ partielle 部分负荷

  ～ de rupture 破坏荷载[载荷,负载],断裂载荷[负载]

  ～ à tendance 掺合料,混合料

  pleine ～ 满负荷

  sous la ～ du stator terminé 组装好的定子压重下

  ～s supportées par le sol 由地面承受的重量

charger（*vt*） 装入,装载,加载;装运;充电

chariot（*m*） 小车,托架

  ～ élévateur 铲车,起重小车,起顶用小车;摄像机三角架

  ～ ～ à plateau tournant 带有转盘的起顶用小车

  ～-support 托架

charpente（*f*） 结构;屋架;构架;支撑;脚手架

chasse（*f*） 排出[除],排[冲]砂;冲洗,冲刷,冲水,洒水;偏流,湍流;间隙,游隙;镘刀,修平刀,砂刀,敲[击]平锤;追赶[逐,踪]

  ～ du déflecteur 挡流板

  ～ goutte 悬板

chasse-cale（*m*） 接力棒

châssis（*m*） 机座,底座,支墩,构架,框架,底架;机壳;安装柜,安装框

  ～ puissance 电源柜

  ～ régulation 调整柜

chaude（*f*） du tourteau 轴颈热套

chauffage（*m*） 加热,发热;热量;供暖;

加热器,暖气装置,采[供]暖设备

chauffe（*f*） 加热,加温

chauffer（*vt*） 加热,加温;产生热量

chemin（*m*） 路(线),路径;轨道

　～ de câble　电缆道,电缆径路,电缆
　　(敷设)路线

　～ ～ métallique　金属电缆道

cheminée（*f*） 烟窗,烟道,排气管;塔,井

　～ d'aération　通气孔,通风道,通气
　　装置

　～ d'équilibre　调压塔,调压井,调压池

cheminement（*m*） 运行,进行;经过,通
过,通往;传输;连接,接出,敷设通道;
渗透[流];位移;导线(测量)

chemise（*f*） 外套,外壳;衬套,套管

　～ isolante　绝缘套,绝缘套管[筒]

chevalet（*m*） 架,台架,支架;支座,底座,
支柱,支点;垫,衬垫,垫片,垫板,垫圈

　～ extensible　升降台架

chevauchement（*m*） 重叠,搭接

chevillage（*m*） 栓紧,栓住,固定(用螺
栓),定位,接合,固着

cheville（*f*） 销,销钉;螺栓

cheviller（*vt*） 栓住,楔住,(用销钉)钉
住,按住;打入,插入,刺穿;上插销,用
螺栓栓住

chicane（*f*） (阻)隔板,挡板;导流片,导
风板

chiffre（*m*） 数,数字,数值,读数;标号,
符号,代号;标记;总数

choc（*m*） 冲击,撞击,碰撞;震动,脉冲

　～s survenus　突然碰撞

chromage（*m*） 镀铬,渗铬

chrome（*m*） 铬(Cr)

chromer（*vt*） 镀铬,加铬,渗铬

chute（*f*） 水头,落差;瀑布

Cie(compagnie)（*f*）des Compteurs　计
算机公司

cintrer（*vt*） 弯曲;安设拱架,建筑拱形

circlips（*m*） 卡环;卡簧

　～ intérieur　内卡簧

circonférence（*f*） 圆,内圆;圆周,周边,
周长;外围,周围,周界,边界,外廓

　～ inscrite　内接圆;内切圆周

circuit（*m*） 回路,环路;线路;电路;管
路;系统;电路图,线路图,接线图

　～ de chauffage par induction　感应加
　　热(装置)电路

　～ dérivé　并联电路,分流电路,分流
　　现象

　～ d'eau　冷却水系统,水管道

　～ échangeur　冷却器

　～ d'entrée　输入电路

　～ "FERMETURE" d'alimantation
　　"关闭"油管,"关闭"油回路

　～ fréquencemétrique　频率计电路,测
　　频回路

　～ impulsionnel　脉冲电路,冲撞[脉
　　冲]激励电路

　～ magnétique　磁路,导磁体;(定子)
　　铁芯

　～ ～ complet　铁芯组装件

　～ "OUVERTURE" d'alimantation
　　"开启"油管,"开启"油回路

　～ de porte　门电路,阈电路;选通电
　　路;重合电路

~ pratiquement insensible　不灵敏实用回路

~ de puissance　主电路,主回路;电[动]力电路;电源电路

~ ~ relayage échauffement diodes　二极管的测温继电器回路

~ ~ ~ ~ thyristors　晶闸管[可控硅]元件的测温继电器回路

~ résistant, sensible à la températeur　热敏的电阻回路

~ résistat　电阻回路

~ des spires　线圈

sur les 25 derniers mm du ~ magnétique　在铁芯装压最后的 25 毫米高度部位上

~s de défauts　事故检测回路

circulaire (*f*)　通报[告],通知(单);凸缘;法兰盘

circulation (*f*)　流通;循环;环量,环量转换

~ d′eau　水循环,循环水流通

~ d′huile chaud　热油循环系统

~ ~ froide　冷油循环系统

cisailler (*vt*)　切割,剪切(金属),使用大夹剪

clage (*m*)　垫楔,用楔子紧固,楔住[紧];垫块;固定,锁闭;锁闭装置;调整[节];定位,(准确)装配,安装;配合;安装角

clapet (*m*)　活门,气门,阀(门),阀瓣,滑阀;盖

~ à bille　球阀,球形活门

~ de pied　底座阀,底阀

classe (*f*) de qualité　精度等级

clavet(t)age (*m*)　打键,键合,键[销]接,楔子连接,销栓固定

~ (de la) jante　轮缘键合[打键]

après ~　打键后

avant ~　打键前

clavette (*f*)　定位筋,键,轮缘键(槽)

~ contre jante　轮缘侧锤

~ ~ pôle　磁极侧锤,键(磁极侧)

~ extérieure　外键

~ intérieure　内键

~ de jante　轮缘键

~ en place　键槽位置

~ de référence　定位筋

~s intermédiaires　中间部分的定位筋

chaque paire de ~s　每对键

clé (*f*)　扳手(上法兰连接螺栓用)

~ à chaine　链管式扳手,链条扳手,链条管钳

~ à choc　冲击扳手,锤击扳手

~ ~ douille　套筒[管]扳手

~ ~ frapper　冲击扳手

~ ~ griffe　钩形扳手,管子扳手

~ ~ pipe　套筒扳手,弯头套筒扳手

~ plate　扁扳手,固定扳手

~ de serrage　扳手

~ spéciale　专用扳手

client (*m*)　主顾,顾客,买方,买主,客户,用户

clinquant (*m*)　金属箔片,薄铜片,薄片,填隙片

clou (*m*)　钉子

coche (*f*)　槽,齿槽;切口,凹口,缺口;凹坑,压[切,刻]痕

code (*m*) 编号,编码;规则,标准,法规;符号,标记;规范

~ matière 材料编号

~ ~ ou référence d'achat 购置材料编号或部件号

coefficient (*m*) 系数;率

~ d'emballement 飞逸系数

~ d'empilage 叠压系数

~ de frottement 摩擦系数

coeur (*m*) 心,核心,心材

coffrage (*m*) 模板,挡板;拱架;正平工作

coffret (*m*) 盒;(小)箱,配电箱,端子箱

~ de raccordement 端子箱,接线匣,连接匣

~ ~ ~ Pouget "普热"端子箱

coiffer (*vt*) 覆,盖,放在,遮,蒙

coin (*m*) 尖劈,楔,楔键,楔形物,小楔子板;角;角落;销,栓;棱,边,边缘

coïncider (*vi*) 叠合,重合,一致,符合,吻合,适合;同时发生

col (*m*) 颈,管颈;轴颈;环状间隙

colle (*f*) 胶(水);胶[黏]合剂

~ encore liquide 液态胶

~ scotch 1236 1236 透明胶带

collecteur (*m*) 集电环,集电极,集电器;换向器;(电机的)整流子;集水管,集流管,(总)水管,总管,主管,总油管,(射油)歧管

~ d'alimentation 供电总馈(电)线,供电干线

~ d'amenée d'huile froide 冷油总管

~ à bagues 集电环

~ d'huile froide 冷油总管

~ de masses 地线接线板

~s d'amenée d'huile aux servo-moteurs 导叶接力器进油和排油总管

coller (*vt*) 粘,粘合[牢,贴,接],贴,胶合

collerette (*f*) 法兰盘,安装盘[边,座],螺孔板;凸缘,边缘,轮缘;套圈,圆框;箍;夹子

collet (*m*) 颈,管颈,轴颈,轴肩,凸肩,凸缘,衬圈;界限,边缘;圈,轴环;套管

~ de directrice 活动导叶轴肩

collier (*m*) 箍,卡箍,管箍;夹子,夹板,夹具,管夹;环,挡环,支持环

~ crémaillère 可调整的夹环

~ dufrenne U 形管箍

~ de fixation (导线)固定夹,管夹,支持环

~ prévu à cet effet 专门制备的管夹

~ support 支持环

colonne (*f*) 栏,行,列;柱,柱状物;柱状图;(测量用)标桩;(定子的)导磁体

combiné (*m*) 组合,联合;组分,成分,混合物

combler (*vt*) 充[注,装,填]满,填塞[入],垫紧,垫上

commande (*f*) 定货,订货,订购;控制,操纵,动作;控制装置;传动,驱动;操纵机构,主动轴;调整,调节;指挥,口令,命令,指令

~ amorçage 起励控制,起励控制回路

~ du contacteur 灭磁开关操作回路

~ déclenchement excitation 励磁开关跳闸控制

~ désexcitation et amorçage 灭磁和

起励控制回路

~ de la désexcitation　正常灭磁动作，灭磁控制，灭磁控制回路，减磁

~ à distance　遥控，远距（离）操纵，远距（离）控制

~ électro-mécanique relais tout ou rien　继电器（或接触器）绕组；"有—无"继电器电动—机械驱动（装置）

~ par levier avec poignée pour entraînement circulaire　带圆周方向动作手柄的杠杆控制

~ ~ ~ ~ ~ ~ rectifigne　带直线方向动作手柄的杠杆控制

~ locale　（开环）局部控制，就[现]地控制

~ manuelle　手动操作状态，手（动）控（制），人工操纵[控制，调节，调整，传动]，手动操作[纵]，用手操作，手动传动；手动传动装置，手操纵[控制]机构；（操作）手柄，人工控制手

~ à moteur　发动机控制，机动组合开关

~ par moteur　靠电动机传动…，（用）发动机驱动

~ passage en onduleur　"切换成逆变桥"的控制回路

~ réchauffage　发热控制

~ servo-potentiomètres　整定变阻器控制回路

commander (*vt*)　定货，订货，供货，订购；定做[制]；控制，操纵，调整，指挥；传动，拖动

commercial (*a*)　商业的，工业用的，工厂的，（能）大批生产的

commettre (*vt*)　犯错误，弄错；犯，作，做；危害，损害

communiquer (*vt*)　传播；传达；（传）送；通[告]知，通信，报导，联络

commutateur (*m*)　转换器，换向器，转换开关

~ à étages avec commande à accumulation d'énergie　蓄电池分级控制出线转换开关

commutation (*f*)　换算；交换，变[转]换，转[换]接；整流；换向，换路[相]；配电；配电系统；（转换）开关；合闸，接线，接通

~ d'automatique en manuel　自动及手动切换

~ "manu"-"auto"　"手动"—"自动"切换电[回]路

~ générateur d'impulsions-voie A　脉冲发生器切换回路—通道 A

comparateur (*m*)　比较器；比色计[仪]；比长仪；指示表，千分表，千分尺；线规；应变计[仪]；比较电路；比较装置

comparer (*vt*)　对比，比较，对照

compas (*m*)　圆规，（中心）测圆架；罗盘；卡钳

~ de centrage　中心测圆架

~ à verge　椭圆规，长臂[杆]圆规；卡尺

compensateur (*m*)　调节器，补偿器；调相机；膨胀圈，膨胀接头

~ synchrone　同步调相（机），同步补偿器

compensation (*f*) de[en] temperature

温度补偿

compenser（*vt*） 抵消,抵补,补偿,弥补,补平,修正,校准[正]；平衡,均衡

compétent（*a*） 有能力的,能胜任的,称职的；有权力的,主管的

complément（*m*） 增补,补充；补码,补数

～ de calage 增大垫块尺寸

～ ～ remplissage 补充灌注

complètement（*adv*） 完全地,全部地,完整地；全面地

complexe（*m*） 复合物[体],合成物,集合体；联合企业

comporter（*vt*） 允许；具有,带有,含有,装有,包括

composant（*m*） 成分；组分,组元；分量；分力；要素；元件,部件；部分

～ récent 新型元件

composer（*vt*） 组合,组成,混合而成

composition（*f*） 组成(部分),成分

～ chimique 化学成分

comprendre（*vt*） 包括,包含；懂得,明白；了解,理解

comprimer（*vt*） 压缩,压紧

compromis（*m*） 折中,妥协,和解；组合

concentricité（*f*） 同[中]心,同心性[度],同轴性[度]；集中性

concentrique（*a*） 同心的,同轴的；同圆的,同圆心的,同中心的；集中的

conception（*f*） 设计；设想,构思

concerner（*vt*） 关于,关系到,论到,涉及；包括

conclure （*vt*）结论,推断 （*vi*）结论,主张

concorder（*vi*） 协调,一致,相符,符合,相合,适合,重合

condensateur（*m*） 电容器；冷凝器,冷却器,凝汽器；浓缩器；聚光器

～ électrolytique 电解(质)电容器

conditionnement（*m*） 配制[方]；调节,调整；测定；包装情况,包装状况

conditions（*f. pl*） 情况,状况,状态；条件；环境；准则,规范,规程,规格；程序

conducteur（*m*） 电线；导线,导体；导管；引(出)线,芯线,电缆芯

～ basse tension refroidi à l'eau 水冷低压线

～ "direct" "直通"导线

～ élémentaire 基本导线,分相单独导线,(裂相的)单根导线；导体元件

～ ROEBEL 罗贝尔(换位)导线

conduit（*m*） 管,导管,管道；槽,沟,电缆沟；涵洞

～ d'air 进气口；进气道；空气管路

conduite（*f*） 管子,管道；沟；导线

～ d'amenée 引水管,导管,供给管路；引线,馈电线

～ forcée 压力(钢)管；承压涵洞

cône（*m*） (圆)锥体,圆锥；锥度；锥形里衬

～ d'aspiration 尾水管(锥形)里衬

～ assez prononcé 足够[相当]明显的锥体

～ (-, de) réduction 变径管,大小头,异径管头,异径接头

～ turbine 水轮机锥体(转轮体—泄水锥),内顶盖锥体

confection (*f*) 制造[作];配制;装配(工作);实行[施],完成

~ de cul d'œuf 刻槽标记

confectionner (*vt*) 加工,制造[作],制成,完成,叠成,做成,使成为;装配,准备好;绑,绑扎好

c(on)f schéma 见附图(confer⟨拉⟩⟨英⟩(*vt*),conférer⟨法⟩,(*vt*)的缩写为 conf 或 cf,译作:见,比[对]照,参照[看],比较)

conformation (*f*) 构造,结构,结构形状;证实,证明,复核;设立,布置

conforme (*a*) 相符的,符合的,相似的,相同的,相称的;一致的;合格的;等角的;保角的,保形的,整合的

conformer (*vt*) 按照,依照,根据;使合适,使相称,使符合,使一致,与…相符

congé (*m*) de raccordement 整流片[带,包皮];连接,平缓转接;焊缝,角焊缝,倒圆(机械加工,角焊),倒角,圆角,转接[过渡]圆角

conicité (*f*) 锥度,锥削度,斜度;(圆)锥形

conique (*f*) 圆锥曲线,二次曲线

conjointement (*adv*) 一起,共同地,一致地,联合地

conjugaison (*f*) 共轭,协联;配合,缀合,结合

~ inexacte 不良协联

~ de meilleur rendement 较高效率协联

~ optimale 最佳协联

mauvaise ~ 不良协联

conjuguer (*vt*) 配合,结合,联合,缀合,相配,配对,共轭

connecter (*vt*) 接入,接通,合闸;连接,接合

~ à la masse 接地

connecteur (*m*) 插头;连接器,接头;接线柱,接线板

connexion (*f*) (连)接线,引线,励磁引线;(环形)母线;电缆;接头,连接,连接物[板],并头铜板

~ bague inférieure 下环接线[缝]板,下环合缝板

~ ~ supérieure 上环接线[缝]板,上环合缝板

~ de barre 线棒接头

~ circulaire 环形连接线

~ d'excitation 励磁引线

~ frontale 线圈的端(面连)接,线圈的端部(电机的),绕组端部,正[前]面连接,端部连接;引出线,连接梁

~ non isolée 非绝缘的连接件

~ souple 软接头,软连接(片);可动耦合;挠性接合

~s 接线

~s aux bornes 引出端子线

~s des circuits de défauts 事故检测回路接线

~s ~ ~ ~ puissance 主回路接线

~s interpolaires 转子磁极间连接线

~s interpoles 极间连接线;耦腔(磁控管的)

~s stator 定子连接梁,定子引出线

conseiller (*vt*) 建议,出主意,劝告

en conséquence (*loc. adv*)　因此,由此,依此;于是,所以;相应地,合适地;从而,必然,结果

conservation (*f*)　保持,维持,维护;保存,保留,封存;不变;防腐

conserver (*vt*)　保存,保留;保护,保持,维持;达到,拿到手

considérer (*vt*)　计算;考虑,重视
　la valeur de Q à ～　Q 计算值

consignateur (*m*)　整定装置,指令信号器
　～ charge-fréquence　负荷—频率整定装置
　～ de limitation d'ouverture　断路限制整定装置,开度限制指令
　～ ～ puissance　功率整定装置

consigne (*f*) de limitation d'ouverture　开度限制指令

console (*f*) métallique　金属支架

constamment (*adv*)　经常地,不断地;总是,老是

constante (*f*)　常数;恒量;系数,率
　～ de temps　时间常数
　～ ～ ～ caractéristique de la promptitude　速率特征时间常数(积分时间)T_x
　～ ～ ～ de coupure　断路时间常数 T_u
　～ ～ ～ ～ relaxation　缓冲时间常数 T_s
　～ ～ ～ ～ ～ du statisme temporaire　(暂静态)缓冲时间常数 T_s

constatation (*f*)　验证,证明,检验,确认;意见,看法;看到,观察到,发现

constater (*vt*)　查考,证明,确认[定],肯定;看到,观察到,发现(见),出现;构成;检验;读出

constituant (*m*)　组成部分,组分;成分

constituer (*vt*)　组成,构成;建立;安装;安置,放;制定,制成;采用;设置,布置

constructeur (*m*)　建筑师,设计师,工程承办[包]人,施工人员,建设者,制造商;制造厂,公司

construction (*f*) en collaboration　协作厂

consulter (*vt*)　参考,参证,参阅;咨询,征求意见,商量

contact (*m*)　接触,接合;接(触)点,触点,触头,接触片;相切,切点;开关
　～ auxiliaire　辅助接[触]点
　～ bidirectionnel avec position intermédiaire　中位双向开关
　～ à commande mécanique　机械操纵[控制]的触点
　～ de commutation bidirectionnel avec chevauchement　有搭接的双向转换开关
　～ ～ ～ ～ sans ～　无搭接的双向转换开关;断电器触点
　～ pour détection du niveau trop bas　检测"油位过低"的触点
　～ ～ ～ ～ ～ haut　检测"油位过高"的触点
　～ férmé　触点处于闭合状态,静(止)触点,常闭触点
　～ de passage　短时闭合[断开]触点,瞬时触点,滑接接点
　～ ～ ～ férmé au repos et au travail ouvert momentanément lors du déplacement

dans le sens des flèches 触点变换方式,工作时闭合、不工作时断开(当朝箭头方向移动时)

~ ~ ~ ouvert au repos et au travail établi momentanément lors du déplacement dans le sens des flèches 触点变换方式,工作时断开、不工作时闭合(当朝箭头方向移动时)

~ de position (终端)触点,端子开关

~ R ou F/O déplacement retardé lors de sa fermeture 带延时闭合的静触点

~ ~ ~ ~ ~ ~ ~ ~ son ouverture 带延时断开的静触点

~ de repos 休止辅助触头;动断触点,常闭触点;电键后触点;下触点,后触点

~ ~ ~ ou contact auxiliaire fermé-ouvert d'un appareil 器具的主触点或辅助触点闭合和断开状态

~ avant rupture 先接通后断开触点,桥触点

~ rupture 剪断销信号触点

~ T ou O/O à accrochage 触点的手动调节

~ ~ ~ ~ déplacement retardé lors de sa fermeture 带延时闭合的动触点

~ ~ ~ ~ ~ ~ ~ ~ son ouverture 带延时断开的动触点

~ de travail 动合触点,常开触点,闭路触点,工作辅助触头

~ ~ ~ ou contact auxiliaire ouvert-ouvert d'un appareil 器具的主触

点或辅助触点常开状态

contacteur(*m*) 接触器,开关,电门;触点,接点;转换开关

~ d'amorçage 起励触点,起励开关

~ avec dispositif de soufflage 带灭弧触头的接触器

~ d'excitation 励磁开关,激磁接触器

contenir(*vt*) 包括,包含,含有,容有,容纳

continuité(*f*) 连续性,不间断性,连贯性;畅通,通路,通断(情况),导通情况,通导性(电缆或导线等);黏合性,结合性;相似性;连续级数

contournement(*m*) 绕行,环绕,周围,绕过;分路,旁路,闪络,绝缘子闪弧,(整流子换向器)飞弧;击穿;环火(电机整流子的)

contrainte(*f*) 应力;加负荷,负载

~ mécanique 外加应力,机械应力

contrat(*m*) 合同,契约

suivant ~ 根据合同

contre-écrou(*m*) 锁紧[定]螺帽,保险[防松,方向]螺帽,锁紧[锁定,保险,防松]螺母

contremarquer(*vt*) 画在,画出;划线;定孔位;打(上)副标(记)

contre-percer(*vt*) 钻埋头孔,钻锁紧孔,钻导孔,按导孔钻(工作),配钻

contre-plaqué(*m*) (多层)胶合板

contre-poids(*m*) 配重(块),平衡锤,平衡体,砝码

contrôle(*m*) 检查,检验;校准,校核;试验;调整,调节;控制,操纵

~ des bobinages 绕组试验

~ éléctrique 电气试验

~ général 全面检查,总校核

~ intermédiaire 中间(阶段的)检验,中间控制(自动控制的)

~ préliminaire 初步检查

~ par ressuage 色剂渗透试验,渗透性检验(金属表面),热析检验,熔析检验

~ spécial 专项试验

~ supplémentaire 复查,补充检查

contrôler (*vt*) 检验,检查,核对,验证;试验;操纵,控制;测量;调节,调整;监视

contrôleur (*m*) 检验员,检查员,值班员,调度员,操作员,测量人员;检验设备;测量计,示流计;量具,测试器;控制器,调节器,操纵器;监视[测]器

~ de niveau 水位检测开关,液位控制(调节)器

convenablement (*adv*) 合适地,适当地;及时地,适时地

convenir (*vi*) 适宜,适合,适应,一致,符合;同意,赞成;承认;规定,保证

convention (*f*) de signe 常用符号

convertisseur (*m*) 变换器[机];变频器[机];换流器[机],变流器[机],单枢[旋转]变流器,整流机[器];换能器,转换器;电动发电机;交换开关;电源装置

~ de tension 电源装置

copeau (*m*) 屑,金属(碎)屑;碎片;木屑,刨花

corde (*f*) 绳,索;绝缘管;软(电)线;织物的线

~ feutre tergal 脊纹毡绳

~ de frettage 绑扎绳

~ à piano 钢琴线[弦],琴线,铅垂线

~ tergal 脊纹绳[索]

cordeau (*m*) 绳;导火线[索],导[引]爆线,雷管线

cordon (*m*) 焊缝,焊道,焊蚕,焊珠,焊波,焊滴;盘根

~ d'étanchéité 加焊密封,止漏焊缝加工,密封焊缝,封底焊,填角焊,接缝焊

~ rond 圆盘根,密封衬垫

~ de soudure 焊缝

~ ~ ~ d'étanchéité 封焊

cordonnet (*m*) 抽头;绳,小绳,细绳,绑绳;线;带

~ silionne 有机硅绳,玻璃纤维带

~ tergal 脊纹绳

cornière (*f*) 角钢,角铁;弯管

~ d'arrêt 角铁孔眼

~ extérieure 外圈角铁

~ intérieure 里圈角铁

~-support 支撑角钢[铁],支承角钢,角钢支块

~s à ailes égales 等边角钢

corps (*m*) 体,物体;外套,外壳,阀壳,壳体,油缸;摇车架;标尺(套筒)

~ d'alvéoles 受油器壳体[外壳]

~ étranger 异体,杂质,杂物;外加物质,外界物体[杂质]

~ de moyeu 轮毂(壳体),转轮

~ du servo-moteur 接力器油缸

correctement (*adv*) 正确地,符合规则

地;合适地

correspondance（*f*）一致,符合,相符;相当;对应;对准

correspondre（*vi*）à （与…）一致,与…相符,符合;相当于,(与…相)适应,对应于;相重合

corriger（*vt*）校正,改正,矫正,修正,调整

corset（*m*）加强板,贴护板

cosse（*f*）端(子,部),头;接头,(线)鼻子,片,接线片,线头焊片;套筒[管];衬[轴]套,帽,盖,套,壳,罩

　～ à borne　接线端子,接线柱

　～ au câble　接线鼻子

　～ de ～　电缆(端)帽,电缆靴;钢丝(索)套筒;电线接线片,电缆接头

　～ cœur　索具套环

cotation（*f*）标注尺寸(制图中);标[开]价

cote（*f*）（工程)尺寸;标高,高程;编号;读数

　～ de calage　垫板尺寸

　～ définitive　最终尺寸

　～ de dessin　设计尺寸,图纸尺寸

　～ d'encoche　线槽尺寸

　～ de hauteur　高度尺寸

　～ requise　必要[合适]的高度,所需的高度

　～ d'usinage　加工尺寸,加工检验

côte à côte（*loc. adv*）并排地,并列地,平行地,并肩地,肩并肩地

côté（*m*）边,侧边;侧,侧面;端;面,表面;方面;方向

　～ alternateur　发电机轴端面

　～ cablage　接线侧

　～ collecteur　滑环侧;换向器端;(电机)整流子端,电刷端

　～ connexion　线棒上端,上端部;连接侧,引线侧

　～ ～ cuivre　(铜)接头一侧

　～ désexcitation　减励

　～ ϕ extérieur　外圆侧

　～ entrefer　气隙侧

　～ excitation　增励

　～ gauche　左侧

　～ haut　上端,上部

　～ huile　盛油侧

　～ intérieur　内侧

　～ opposé　下端,下端部,线棒下端;对边,相反侧

　～ ～ aux connexions　线棒下端部

　～ régule　巴氏合金侧

　～ roue　转轮上端面

　～ soudure　焊接侧

　même ～　同一侧,同一方向

couche（*f*）层,涂层

　～ à demi-recouvrement de ruban mylar adhésif　半叠绕聚酯树脂胶带

　～ limite　附面层,边界层,界层;边缘层

　～ normale　标准涂层

　1 ～ de ruban mylar à demi-recouvrement　1层半叠绕聚酯树脂绝缘带

　une mice ～ de mastic(araldite)　一薄层环氧胶

　～ légère ～ ～ vaseline　一薄层凡

士林

~s cumulées 叠加层数

coude (*m*) 肘(管),弯管[头],弯曲部
(分),(线端)弯曲段;曲柄,曲拐,传
动臂

~ d'entrée 进口弯头

~ à prendre （连接用)弯头

coulée (*f*) d'étanchéité 密封灌浇[注]

couler (*vt*)注,浇,倒 (*vi*)流,渗,漏

couleur (*f*) 颜色,颜料

coulisser (*vi*) 滑动

coup (*m*) 打,击,冲击,撞击

~ de bélier 水锤,水击,水冲,水力冲
击,压力猛烈增加

~ ~ d'onde 水锤波

~ ~ pointeau 冲击力,铳点,打入销
子;定位标记,中心记号,定中心点

coupe (*f*) 切面,断面,截面,剖面(图);
接头,接缝(处),合缝,切割,剪切

~ d'assemblage 接缝,接缝线,组合接
缝,连接处;接合面,组合面,组合接
缝平面;装配平面

~ de bride 法兰接合面

~ par un goujon 螺栓纵剖面

~ longitudinale 纵断面,纵剖面图

~ transversale 横断面,横剖面图

~ ~ suivant AA A-A 方向横断面

coupe-circuit (*m*) 安全设备;保险装置,
保险器,保险丝,熔丝;开关,自动开关,
隔离开关,断路开关,刀开关,熔断器,
断路器,熔丝断路器,自动断路器

~ avec contact de signalisation 带信
号触点的熔丝断路器

~ à fusible(s) 保险丝,熔线,熔丝,可
熔保险丝;熔丝断路器,可熔保险器,
熔断器

couper (*vt*) 断开,断路;切,切断,切割,
割;截;剪,剪割;调整

~ de longueur 根据所需长度割料

couple (*m*) 对,偶,双,品,榀;电解偶,
(热)电偶;力矩,转矩,扭矩

~ de barbotage 驱动力矩

~ ~ freinage 制动力矩,制动转矩,
锁定力矩

~ résistant 阻力矩,制动力矩,负载
转矩

~ de serrage （螺母等的)拧[扳,锁]
紧力矩;旋紧扭矩,旋紧螺栓需用
扭矩

~ thermo-électrique 热电偶,温差
电偶

coupler (*vt*) 接连,接合,接入,耦合,成
对地拴在一起

coupleur (*m*) 耦合元件,耦合器;离合
器,分离器;联结[连接]器;联结[连
接],耦合;挂钩;转换开关[电门];转换
装置;联轴节[器]

coupure (*f*) 断路,电路断开,拉断开关,
破坏;猝熄

courant (*m*) 流,流动;气流;电流;通量

~ d'air 通风,穿(堂)风,(空)气流

~ continu 直流电,直流

~ de court-circuit 短路电流

~ ~ ~ biphasé permanent 稳态两相
短路电流

~ électrique 电流

~ maximum asymétrique de court-circuit triphasé 最大的不对称三相短路电流,三相短路冲击电流

~ nominal 额定电流;电流额定值

~ de plafond 顶值电流

~ au primaire 一次侧的电流,一次回路电流,初级(电路)电流,一次电流,原电流

~ redressé 整流电流,整直电流,已整(流)电流,整流后的电流;整流电流环

~ de rotor 转子电流

~ transitoire de court-circuit monophasé 瞬变单相短路电流

~ à vide 开路电流,无载电流,无效电流,空载电流

~s d'air 风的吹动

courbe（f） 曲线,特性曲线;图表,曲线图,示意图;弯曲,弯曲量;弯头;弯管

~ caractérisant de la turbine 水轮机特性曲线

~ caractéristique 特性曲线

~ de rotondité 圆度的图形

~ à souder 焊接弯头

~ théorique 理论曲线

~ vallourec 瓦卢特(公司名)弯头

~ ~ à 90°[~90°vallourec] 90°弯头

couronne（f） 环,圆环,支承环,环板,环管,环形体;圈,底圈,轮圈,齿圈,支座圈(顶部);支托件;大齿轮,轮缘,电晕(放电);(上)冠,盖;轮缘顶

~ d'appui 支托件,轴承环

~ d'assise （弹性油箱）支承板

~ extérieure 外环,外圈

~ ~ en 3 parties 用三块外环

~ intérieure 里圈,内圈

~ ~ de tôle plancher 里圈花纹盖板

~ isolante 绝缘橡皮圈

~ de manutention 吊耳

~ à membranes 推力轴承支座圈,(内顶盖)顶部座圈,座圈,支座顶圈;弹性油箱

~ porte-balais 刷架,电[炭]刷架

~ de retournement 支承件,转轮翻转用支承件

~ ~ segments d'empilage 叠片环

~ ~ tôle intérieure 里圈盖板

~ ~ tôles 叠片环

~ ~ ~ circuit magnétique 铁芯叠片环

~ ~ ~ extérieures 外圈花纹盖板

~s 支座顶圈内外圈

courroie（f） 传动皮带,皮带传动装置;带,皮带,背带;条

en cours de（loc. prép） 过程,在…(过程)中,正在进行…,正在…;在…时候,在…时间内,期间

~ ~ ~ bobinage 下线前

~ ~ ~ terminé 下线后

~ ~ ~ transport 运输过程,在运输中

course（f） 行程,动程,冲程;过程;运行,运转

~ à réaliser 行程总长

court-circuit（m） 短路

court-circuitage（m） 短路,短接

court-circuiter (*vt*)　使短路,短接

coussinet (*m*)　轴承,(下)导轴承,轴承壳,(导)轴承体,下导轴承体,轴瓦,导轴承轴瓦,轴套;轴衬;导板

　～ assemblé　组装好的轴承

　～ auto　自动润滑轴承

　～ autolubrifiant　自动润滑轴承,含油轴承

　～ inférieur　下导轴承

　～ de palier　轴瓦,轴衬

　～ supérieur　上导轴承,上导轴承体,上轴瓦

　～ turbine　转轮室,水轮机外壳,水轮机导轴承壳,水轮机导轴承(体)

　3～s　三道轴承

couteau (*m*)　刀,刀具;厚薄规;闸刀(开关的)

couvercle (*m*)　盖,帽,罩;上部(分),顶上,盖上,顶盖,盖板,油槽盖

　～ amovible　可卸盖(板),活盖

　～ de cuve　(旋转)油槽盖,汽化器浮子室盖

　～ ～ ～ tournante　旋转缸体盖子

　～ ～ protection　保护盖,安全盖,保护罩

couverture (*f*)　盖(板),覆盖物

couvre-boulons (*m*)　螺栓罩

couvre-enroulement (*m*)　下挡风板,绕组盖板,绕组外罩,绕组防护罩

　～ métallique　绕组的金属外罩

　～ en polyester　聚酯绕组外罩

couvre-joint (*m*)　连接(盖)板,接合(盖)板,接缝板,盖板,压板,贴边板,盖缝

(木)条,压缝条

　～ du bâti de la turbine　水轮机罩的顶盖

cran (*m*)　缺[槽,切,凹,截]口;焊缝缺陷

crasse (*f*)　污垢,水垢

crayon (*m*)　铅笔;(用木炭、石墨等做的)笔

　～ gras　脂笔

　～ thermique　测温笔

création (*f*)　形成,生成,产生;装置;铺设;创造,创立,发明

créer (*vt*)　发明,创造;产生

créneau (*m*)　(U 形)选通脉冲,波门脉冲,矩形波(脉冲);闸门;间隔,间距;缺口

　～ de tension sensiblement rectangulaire　稍呈矩形波的电压

crépine (*f*)　滤网,过滤网,金属滤网,金属(丝)网滤管;网式滤油器,过滤器;衬管

cric (*m*) à vis　螺旋千斤顶[起重器]

critère (*m*)　标准,准则,规范,判据,准数

　～s importants dans le réglage des pièces　部件调正要点

crochet (*m*)　吊钩,主钩,钩子,小钩,挂钩;夹具

croisement (*m*)　交叉(点),交点;重叠,搭接;十字接头,四通接头

croisillon (*m*)　(电枢,转子)支架,机架,活动架,轮辐

　～ inférieur　下机架,下轴承支架

　～ ～ fixé et scellé en fosse　下机架在基坑固定和浇二期混凝土

~ rotor 转子轮辐[支架]

~ stator 定子轮辐[机座]

~ supérieur 上机架

croquis (*m*) 示意图,略图,草图,竣工图;草案

crosse (*f*) 叉端;十字头,肘形支撑杆;弯钩,挂钩;滑块,滑板,把手,手柄

cuir (*m*) 皮革;皮革填料,皮革封垫

cuivre (*m*) 铜(Cu);铜线,铜排,铜棒,铜制品

~ méplat 扁形铜排

~ nu 铜线,裸铜线,铜排裸露

~ plat 扁铜

~ rond 圆铜线棒,圆形铜棒

~s élémentaires 线棒股线

curseur (*m*) 指针,指示器;游标,电位计游标,电位计滑动子;滑块[板,片,针];滑动接点

cuve (*f*) 槽,油槽,旋转油槽,池

~ déversoir 溢流油槽,内油槽

~ extérieure 外油槽

~ à huile 油箱,油罐,油槽

~ intérieure 内油槽

~ de pivot 推力轴承(集)油槽

~ tournante 旋转油槽[缸体]

cylindre (*m*) 汽缸,油缸;圆柱,柱体;筒

~ fermeture 油缸"关闭"侧

~ ouverture 油缸"开启"侧

cylindrée (*f*) 汽缸工作容积[量]

~ "F" "关闭侧"的油缸容积

~ "O" "开启侧"的油缸容积

D

débiter (*vt*) 供应(电、水、煤气等),供给,通过,馈电;消耗;下料

~ du courant 馈电,加负荷[载]

débloquer (*vt*) 开启,开锁,旋松,松开,拆下;解除封锁,解除闭塞,开通;准许出售

débord (*m*) 嵌条;镶边;装卸线;溢流,溢出,泛滥

débordement (*m*) 过负荷[载],过[超]载;突[露]出部分;溢出,溢流;漏泄,渗漏

déborder (*vi*) 超过,溢出,溢流,泛滥,涌出;突出,凸出,伸出,露出

débouché (*m*) 出口,口,孔

déboucher (*vt*) 开,打开,敞开;剥去,拿去,清理,洗擦干净;解开扣环

débrayage (*m*) 切割,切断;断开,断路

débrocher (*vt*) 拔出

décalage (*m*) 错缝;(电刷,相位)位移;偏移;相位差

décalaminage (*m*) 除炭,除氧化皮;清除焊渣

décaler (*vt*) 位移,移动,错开;改变,更换,互成;相隔,间隔

décamètre (*m*) 十米;十米卷尺

décapage (*m*) 擦洗,清洗,酸洗,浸洗,冲

洗;除锈,铲漆,清理金属表面;刮(平),整平

décapant（*m*）　清洗剂,腐蚀剂,酸洗剂

décaper（*vt*）　酸洗,清洗,磨洗（金属）;刮,除锈,铲漆

décharge（*f*）　放电(现象);解除;卸载,卸货

　　～ paratielle　局部放电

décharger（*vt*）　放电;去载,卸货;解除…压力

déchargeur（*m*）　卸载设备,卸载器[机],卸荷器;空放阀,减压阀,泄放阀;放电器,避雷器

déclenchement（*m*）　跳闸(动作),脱扣,甩负荷,释放,断开,放开;起[开,发]动;解锁(联络信号);触发

　　～ sur défauts excitation　励磁系统事故跳闸信号

　　～ de l'excitation　励磁脱扣,灭磁开关跳闸

déclencheur（*m*）　电门,开关;断路[跳闸]装置,断路开关;脱扣装置[机构,器];断电器;解锁装置[机构];释放装置[器];起动装置[器];触发机构[器];触发线路;触发脉冲

　　～ de survitesse　过速脱扣装置,超速脱扣机构,高速开关,高速断路装置

décoller（*vi*）　(分)离,脱离;起飞;剥落;脱胶

décomposer（*vt*）　分析,分解

déconnecter（*vt*）　断开,分开,切断;释放

découpage（*m*）　切割;冲切,冲剪,冲孔

découper（*vt*）　截切,剪裁,裁,切,割,切

割,断开;冲孔,开孔,冲切

décrire（*vt*）　叙述,描写,介绍;划线

décrochement（*m*）　摘钩,从钩上解下,脱钩;脱离,气流分离,间隙,接合不良现象;横断层

déduire（*vt*）　推论,推断,演绎,推算;扣除,减去;陈述,详述;提出

défaut（*f*）　损坏,破损,破坏,故障,错误(动作),缺陷,缺点;缺乏[少],不足;失效,失灵;事故控制;偏差,固定(测量)偏差;误差

　　～ d'isolation　绝缘破坏[损坏,击穿];绝缘故障

　　～ de rotondité　圆度偏差

　　～ soutirage 220V～　220V～抽头故障

　　～ transformateur principal　主变压器故障

　　～ ventilation　通风设备故障

　　～s convertisseur de tension　电源装置故障

　　～s excitation (n'entrainant pas le déclen-chement)　励磁系统事故(尚未引起跳闸)

définir（*vt*）　规定,确定,限定;明确意义,(下)定义,含义

déflecteur（*m*）　导向装置,导流片,导流板,致偏设备,致偏器[板],偏流器,偏[转]向器,偏转器,折流器,挡流板,挡板;挡油圈,密封座圈,油封座;导流墩,分流墩

　　～ d'huile　挡油盘[圈,板,盖,环];抛油圈;抛[甩]油

déformation（*f*）　变形,失真,畸变;应变;

倾斜度,偏斜,偏转;偏差,误差

~ radiale　径向变形,辐向变形

déformer（vt）（使）变形,（使）畸变,（使）失真,扭曲,扭斜,弄歪,歪斜

dégagement（m）析出;分开;脱离,断开;拆,清理,清除,提纯;间距,间隙

dégager（vt）释放,旋松;分开,脱开,离开,断开,落下;清理,提纯;引[腾]出

dégrader（vt）降低功率,递减,降级,退化,逐渐过渡;磨损,破坏,冲刷

dégraissage（m）擦净,洗净,清洗;除油,去油渍;脱脂

dégraisser（vt）除油,去油渍;揩去油脂,清除油脂,脱脂,去脂;擦洗,清洗

dégré（m）d'écart angulaire　角偏差度

délicatement（adv）需要审慎地,周到地,谨慎地;精细地,精巧地;细致地,轻巧地,轻轻地

délivrer（vt）提供,供应,供给;发出,发送,传递;释放

demander（vt）要求,请求;需求,需要;查询,询问

démarrage（m）起动,开动;运转,投产

~ en asynchrone　异步起动(同步发电机的)

avant ~ du groupe　机组起动前

demi-virole（f）半圈板

démontage（m）拆卸,拆除,拆毁;卸[分]开,分解,解体

démonter（vt）拆开[卸,除,去,下,成],卸开,卸下,取下,拿去,打开,分解

dénivellement（m）不平度,表面粗糙度;水平变动;高差,水准差;电平差

dénomination（f）名称,命名;标识符

densité（f）密度;浓度,稠度

~ moyenne　平均密度

~ ~ du mélange 1,4　混合物的密度为 1.4

dent（f）（电机）齿(相邻两槽间的铁芯部分),轮齿

~s des tôles　叠片齿部

denture（f）齿,轮齿;齿轮

départ（m）出发,开始;起始位置;引出线;出口母线

~ tangentiel　切点

~ d'usinage　加工基准(面)

dépasser（vt）超出,超过,突出,高出,伸出

dépendre（vi）de　取决于,以…为条件

déphasage（m）相移,相位失真,相位偏离,相位差;相角,相位角;超前角,提前角

~ des impulsions　脉冲相位偏离

déplacement（m）偏移,位移,移动;位移量,移动量

déplacer（vt）偏移,位移,移动,推动;调动,调整

dépliant（m）展开图

dépolir（vt）使粗糙,制毛面,打毛,去光泽

déporter（vt）移动,位移,偏移,偏离,不正

déposer（vt）放,置,放置,搁[拆,安,存]放,保存,放在,放下,放入,装上,就位,藏好,拆去[除],拆下,取下;调整;滴在,堆积,沉积(出);施焊

dépôt (*m*) 堆焊,焊补,焊缝;熔敷金属;堆焊金属;沉积,沉积物

～(s) de poussière 灰尘积存

dépoussiérer (*vt*) 除尘,捕尘,吸尘,吹净…的灰尘,除灰,清理灰尘

dépression (*f*) 压力下降,减压;负压,真空,真空度;气旋;低(气)压;低压区

dérégler (*vt*) 使错[搅]乱,使乱行,搞乱,打乱;使失调[控,常],使不规则

dérive (*f*) en température 温度漂移,温度偏差

désaccoupler (*vt*) 分开,使离开,分成;拆开,卸下;切断

désassembler (*vt*) 拆(机器),拆开

descendre (*vi*) 下降,降下,吊入,落入,调低;减少

descente (*f*) 下降,降低,降落,放下,吊入,落下,放低,向下打入

～ en fosse 吊入基坑

～ maxi du rotor 转子最大放低距离

～ du rotor et réglage 转子吊入基坑和调整,落下转子进行调整

～ ～ ～ sur arbre intermédiaire 转子吊在中间轴上

descriptif (*a*)描述的,描写的,说明的,形容的 (*m*) 施工说明书

description (*f*) 描述,叙述,说明;说明书,部件名称,目录,一览表,清单

désexcitation (*f*) 正常灭磁,退[去,失]磁,解除励磁,消除激励,去激励,衔铁落下

designation (*f*) 名称,材料项目;符号,标记

desserage (*m*) 松开,拧松,旋松

desserer (*vt*) 松开,拧开,旋松,拧松,放松

dessin (*m*) 图,插图;设计图,图纸,图样;平面图

～ client 买方自制

～ de forge 锻件图

～ du génie civil 土建施工图纸

～ de montage 安装图,装配图,布线图

～ ～ ～ des tôles stator 定子铁片[芯]装配图

～ N°(numéro) 件号

～ utilisé 需用图纸

destiner (*vt*) 指定,预定

～ à 派…用,作[供]…用,作为

destruction (*f*) 破坏,毁坏[灭],破裂

détail (*m*) 零件,构件;详图;详述,细节[则]

～ de construction 施工详图,加工图,制造图;施工细则

～ goupillage 定位详图

～ "raccordement entre connexions" 接头焊接详图

～ de soudure 焊接详图

détailler (*vt*) 详述,详细地说;切开,剪开,分割,细切;(程序)展开

détecteur (*m*) 探[检]测器,检验器,检波器;指示器,信号装置;传感器

～ de débit 测流计

～ ～ niveau 水位探测[信号]器,水位观测孔

～ ～ ～ d'eau 水位探测[信号]器,水

位观测孔

~ ~ survitesse 过速检测[信号]器

détendeur（*m*） 减压阀[器]，减压活门；膨胀阀；扩散器，扩压器

~ régulateur 减压阀

détendre（*vt*） 放松，松开，松去；伸长，展开；减压，扩压；膨胀

détériorer（*vt*） 损坏，破坏；损害，腐蚀，使恶化，使变坏

détermination（*f*） 测定，确定，查定，规定；算出，求出，计算（法）

déterminer（*vt*） 决定，作结论；测定，测出，定出，确定，推定，断定；导致，引起

développante（*f*） 渐伸线；（线棒）斜线段，线棒端部（斜线部分），端部；端绕组

développement（*m*） 开发，发[开]展；展开；展开图[式]

développer（*vt*） 开发，发展，开展，扩大，展长，展开；使显出，表露，发现；打开，揭开；详论，细述；作用

dévisser（*vt*） 拧下，旋下，旋出（螺钉等），旋松；拔螺钉，拧松[松开]螺钉

diagramme（*m*）de fonctionnement 操作示意图

diamètre(**φ**)（*m*） 直径，圆周

~ brut plateau 轮叶（转轮叶片）法兰毛坯直径

~ extérieur 外径，外圆，外圆侧，外圈[壁]

~ intérieur 内径，内圆，内圆侧，内圈[壁]，里圈

~ maximal 最大极限尺寸

~ minimal 最小极限尺寸

~ moyen 平均直径，中径，中间圆周

~ nominal 配合公称尺寸，标称直径，公称直径，规定直径

~ sphérique 球面直径

~ théorique 设计直径，理论直径

diaphragme（*m*） 隔板，膜，膜片，振动片；密封（装置），密封座，密封（座）圈，光圈

~ d'arrêt d'huile 气密封（装置），空气油封

~ ~ ~ inférieur 下部密封座圈

~ ~ ~ supérieur 上导轴承油槽盖板

~ inférieur 下部密封座圈

~ réglable 可调节的限流片

différence（*f*） 差别，区别；差，差额[数]

~ algébrique 代数差

~ de calage 安装角偏差

~ d'élévation 高差

~ de hauteur 高差，高度差

~ ~ niveau 水平(高)差，水位(高)差

~ ~ pression 压(力)差，压降

dilatation（*f*） 膨胀，扩大，延伸(率)

~ radiale 径向膨胀

libre ~ 自由膨胀

dilater（*vt*） 膨胀，使…膨胀；扩展，扩张

diluer（*vt*） 稀释，冲淡，溶解

dilution（*f*） 稀释，冲淡，稀薄化；淡[稀]度

dimension（*f*） 尺寸，大小；量纲，因次

~ extrême 外尺寸

~ nominal 公称尺寸，额定尺寸

~ de référence 基准尺寸，标准尺寸

~s limites 极限尺寸

dimensionnel（*a*） 尺寸的；量纲的，因次

的,维的;有尺度的

diminuer（*vi*）de 减少,减去;缩小,缩短;省略

diode（*f*）二极管

directrice（*f*）（活动）导叶,导流[向]叶片;准线

avant(-)～(s) 固定导叶,固定导水瓣

disjoncteur（*m*）电门,开关,隔离[切断]开关,断路器,断电器,断续器;逆(电)流断电器

disjonction（*f*）分开,拆开,分离;断开,切断[脱开[离];甩负荷,清除(切断全部电流);信息转储;节理(地质)

～à partir de charges partielles 部分甩负荷

disparaître（*vi*）消失,消灭;失踪;衰减,衰耗

disparition（*f*）消失,消灭;失踪

disposer（*vt*）安置,放置,配置,搁置,安放;排列;整理,调整在;准备,使有[作]准备,使预备;安排

dispositif（*m*）装置,设备,仪器,机构;设置,配置,布置;排列,组合

～d'accrochage 连接装置;固定机构

～de chauffage 加热装置,加热元件

～～commande 操纵装置,控制仪表

～～～électronique 电子控制装置

～～～des pôles 受油器

～étayage 定位装置,吊具

～de freinage 制动装置[机构],制动器

～～levage 起吊装置,提升装置

～magnéto(-)thermique 电磁加热器,热磁装置

～de maintien 定位装置,信号电动机中的保持磁石

～～manutention 起吊装置

～prévu 专用装置

～de serrage 压紧装置,紧固装置

～thermique 加热器,热效应装置(热电偶)

～s anti-effluves à électrodes-condensateur incorporées 在内屏电容电极上涂上抗电晕层

disposition（*f*）排列,分布;安排,部署,布置,配置;布置方案;配置图;结构,装置

～des taquets 组装块分布图

～～～d'assemblage 组装块分布图

～～torons de la partie "Régulation" 调整柜的导线排列程序

disque（*m*）圆盘,圆板,圆形物;垫圈,垫片

～d'assise 底盘

～pour démultiplication 减速装置用圆盘

～de freinage 制动环;制动盘

～inférieur 下(圆)盘

～isolant 绝缘垫圈,绝缘环板;绝缘盘[片]

～à meuler 打磨砂轮

～supérieur 上(圆)盘

dissolvant（*m*）溶剂,溶媒,溶解剂,稀释剂

dissymétrique（*a*）非[不]对称的

distance（*f*）距离,间距[隙],(时间的)

间隔,长度

~ d'air 空气间隙

~ d'isolement 绝缘间距[距离]

~ à la masse 对地距离

~ normale 正常距离

~ prévue 设计距离

~ reste fixe 距离保持固定,定距

distanceur (*m*) 夹板,间隔垫块

distributeur (*m*) 导向装置,(涡轮)导向器,导向板;(水轮机)导水机构[装置],导叶;配压阀;座环;分配器,配电器[盘],配电箱,分线盒,配线架;配电线路[干线],分配线路;分配室;分配活门;分油盒,分气盒

distribution (*f*) alimentations 电源分配

division (*f*) 区分,划分;分度,刻度,标度,格;部分;部门;除,除法;节理,劈理

1 ~ sur la longueur du niveau 仪器一个刻度的长度

dixième (*m*) 十分之一

de quelques ~ de mm 十分之几毫米

~s de division 刻度值到 1/10 精度

doigt (*m*) 卡爪;指;指针;齿压板;销;凸轮

~ de gant 指示件,指示器;(变压器顶盖内的)温度计用管套;表计,表计插入孔;帽盖

~ ~ rupture 破断销,剪断销(水轮机的)

~ ~ serrage 齿压板(的压指),压指(的指尖)

domaine (*f*) d'application 适用[使用,作用]范围,应用范畴[领域]

dommage (*m*) 损伤,损害,损[毁]坏,故障;损失,损耗

données (*f. pl*) 数据;资料;证据;性能;已知数,已知量

dosage (*m*) 组成,百分比,混合比;混合物[料];剂量;配制,配料,配量,定量(分析);(选择混凝土)配合比

~ accélérométrique 加速度增量,加速度计时间增量,加速器时间增量

~ convenant le mieux 最适当的混合比

douille (*f*) 套,套筒,套管(电缆接头的),套圈;轴瓦,轴套,衬筒,衬套;塞孔,插孔,插座

~ à aiguille 滚针轴承

~ aimantée 磁化的套筒扳手

~ filetée 螺纹衬套,螺栓连接衬套

~ intermédiaire 中轴套;转接器,转接插座

~ normale 标准线棒接头

~ supérieure 上轴套

sans doute (*loc. adv*) 无疑,一定,总该;也许,或许,大概,可能

drainage (*m*) 排水,排水系统;排泄,排除;通气,通风;漏油

dresser (*vt*) 耸起,竖直,树立,建立,设立;放,搁,安置,放置;做好,作出,完成,准备好,求得;装置,装设;起草,设计,绘制;绘图

au droit de (*loc. prép*) 与…成直角,与…垂直[正交];正对,正面,搁在

droite (*f*) 线,直线;右面[边,方,侧]

à ~ (*loc. adv*) 向右,朝右,在右边

~ ~ de (*loc. prép*) 在…右边

~ ~ et à gauche (*loc. adv*)　从各方面,从四周围,到处,四处

durcir (*vt*)　硬化,变硬,变坚固;凝固

durcissement (*m*)　硬化,固化;淬火

~ à température ambiante　在周围空气(温度)中固化

durcisseur (*m*)　硬化剂,固化剂

~ chargé　有掺合料的固化剂

durée (*f*)　时间,持续时间,历时;寿命

~ de chauffage　加热时间

~ ~ conservation　储藏期,贮存期间,保管时间

~ d'une minute　持续一分钟

~ de polymérisation　聚合时间

~ ~ la prise　凝固期,凝结时间

~ ~ séchage　干燥时间

~ ~ vie　凝固时间;寿命,使用期限[寿命];耐用度

dureté (*f*)　硬度,刚度;强度;难度

~ Brinell　布氏硬度

E

eau (*f*)　水

~ de condensation　冷凝水,凝结水

~ courante　流(动)水,活水

~ propre　清洁水

~ de réfrigération　冷却水

~ du réseau　水管路

~ savonneuse　肥皂水

ébauché (*a*)粗加工的,粗制的,粗轧的 (*m*) 钢[铁]锭,铸块

ébavurage (*m*)　打[去]毛刺,清除飞刺,清除毛边,清理毛口

ébavurer (*vt*)　打[去,除]毛刺,清除飞刺,清除毛口,修整飞边,整边;清除披缝

écart (*m*)　偏[误]差;间隙,空隙,间距,间隔;螺距;公差;差距,差别,差异

~ inférieur　下偏[误]差;下限差

~ moyen arithmétique　算术平均偏差

~ négatif　负偏[误]差;尺寸不足

~ de parallélisme　平行度偏差

~ positif　正偏差

~ relatif de fréquence　相对频率偏[误]差,相对频移,相对频率偏[漂]移

~ supérieur　上偏[误]差;上限差;超尺寸

~ ~ nul　无上偏差

~s en division　差值(以刻度格数表示)

~s ~ microns　差值(以微米计)

écartement (*m*)　间隔[隙,距],距离

écarter (*vt*)　隔开,离开,偏离;搬[移,撤,扩]开;搁置

échafaudage (*m*)　架子,脚手架,维修[护]架

échancrure (*f*)　缺口,切口,凹口,槽,凹槽

échangeur (*m*)　(热)交换器;(中间)冷却器,散热器;中间加热器

échappement (*m*)　发出,放出,排出,流

出,漏出;下滑;排气管[口]

échauffement（m）　发热;加热,加温,温
升;供暖

　～ anormal　异常瓦温[温升]

　～～ dans le coussinet palier　瓦温异
常时动作

　～ dangereux　危险瓦温[温升]

　～～ dans le coussinet palier　瓦温危
险时动作

　～ pont　整流桥温升信号

échéant（a）　到期的,满期的;偶然发生的

échelle（ECH）（f）　比例,比例尺

échelonnement（m）　梯次配置,层次配
置;分级,分段

　～ d'épaisseurs　绝缘厚度的每级差值

écoulement（m）d'huile　油回路

écouteur（m）　耳机,受话器,(电话)听筒

　～s　耳机,听筒

écran（m）　屏,幕,屏幕;屏蔽;护板,挡
板;盖面;斜墙,截水墙;风挡,挡风屏,
导风板

　～ d'arrêt d'air　挡风屏[板]

　～ de carton　纸板

　～ isolant　绝缘隔板

écrou（m）　螺母,螺帽,螺栓头

　～ bas　薄螺帽,扁螺帽[母],低[浅]螺
帽[母]

　～ borgne　死螺帽,帽盖[盖形,罩形]
螺母

　～～ chromé　镀铬螺帽

　～ carré　方螺母[帽]

　～ à embase　凸缘螺帽[母]

　～ haut　厚螺帽,高螺帽,上螺母,上调

整螺母

　～ hexagonal bas　扁六角螺帽

　～ hexagone　六角螺帽

　～ H$_M$　扁螺帽

　～ de raccord　连接[联结]螺母,套形
螺母,接管螺母,连接螺帽,螺旋管套

　～～ réglage　调整[节]螺帽[母]

　～～ serrage　压紧螺帽,坚固[扣紧,
防松,锁紧]螺母

　～ spécial　特制[种]螺帽,专用螺母

　～ supérieur　上螺帽

　～ usuel　标准螺帽,普通螺帽[母],常
用螺母

écroui（a）　冷锻的,冷硬的,冷作硬化的

écrouissage（m）　冷锻,冷轧,冷拔,冷变
形加工,冷加工;冷变形;冷作硬化,加
工硬化

effacement（m）signalisation défauts　事
故信号复归

effectuer（vt）　实行,完成,进行;安上;做
好;加以;施焊

effet（m）　现象;实施,实现;作用,影响;
效果,效应;效率;结果,成果

　～ mesurable　可测效应[率]

à cet ～（loc. adv）　为此,因此,因而,在
这方面

efficacement（adv）　有效地

effort（m）　力;应力;负荷;压力

　～ appliqué　施加荷载[负荷,负载],作
用力

　～ "Fermeture"　关闭力

　～ imposé de 60 tonnes　外加 60 吨
负荷

~ maxi développé au vérin 千斤顶最
大作用力

~ "Ouverture" 开启力

~ radial 径向力

~ résiduel 剩余荷载,残余应力

égout (*m*) 水槽;阴沟,暗沟,下水道;排
水沟;排水管

égoutture (*f*) tube 排水管

éjecteur (*m*) 喷射器,(空气)喷射泵,射
流泵

élastique (*a*) 弹力的,(有)弹性的 (*m*)
减震器,橡胶缓冲器;橡皮圈,橡皮[胶]
带,(橡)皮筋

fort ~ 牢固的橡皮带

électricien (*m*) 电工,电工技师,电气技
术员

électricité (*f*) 电,电学

électrique (*a*) 电的,电气[力,动,测]的;
带[导,发]电的;电工的,电技术的

électriquement (*adv*) 用电力

électrode (*f*) (电)焊条;电极

~ condensateur 内屏蔽电容电极

~ enrobée 敷料电极,屏蔽电极;涂药
焊条,敷料焊条;密封包装的焊条

~ interne 内屏蔽电极

chaque passe d'~ 每道电焊条施焊时

électro-pompe (*f*) 电动泵,电动油泵

électrovalve (*f*) 电磁阀,电动阀,电控阀

électro-vanne (*f*) 电磁[动]阀,电操纵
[动]节流阀;电动闸门

~ d'admission d'eau de refroidissement
控制冷却水进水的电磁阀

~ "Jouvenel et Cordier" "约万尼考

弟"(英译名,法译名"茹弗内尔科尔科尔
迪耶")电磁线圈操纵的三通阀

~ à 3voies 电磁线圈操纵的三通阀

élément (*m*) 单元,元件,零件,构件,部
件,安全装置元件;(组成)部分,成分,元
素;瓣体;管段,分段,块;电池;要素,因素

~ d'accumulateur 蓄电池元件[单
元],蓄电池;存储元件[单元]

~ amont 上游瓣体,上游侧部件

~ aval 下游瓣体,下游侧部件

~ de bobinage 绕组部分

~ ~ contôle principal 主要校验仪器

~ ~ pile 原电池,一次电池

~ primordial 极重要的部分

~ résistant 电阻元件,电阻器

~ rive droite 右岸侧部件,右岸瓣体

~ ~ gauch 左岸侧部件,左岸瓣体

~ sensible 敏感元件,热敏元件,传感
器;电阻温度计

~ en stratifié papier bakélisé 酚醛层压板

demi ~ 半圆部件,半圆件

~s du coussinet 导轴瓣体,导轴承
分块瓦体

~s emboutis 碟形板

~s du flasque 顶面部分

~s de joint charbon 炭精(密封)瓣体

différents ~s 不同组成部分

élévation (*f*) 高程,标高,高度,升高;
(标高)仰角,目标角;正[立]视图,垂直
投形;水平线;乘方

~ anormale de l'air chaud 热空气异
常温升

~ voulue 要求高程

éliminer (*vt*) 除去,除外;消去,消除,排除,去除;取消,淘汰;避免;纠正

élinguage (*m*) 吊挂,起吊

élingue (*f*) 吊索,缆绳,索套;钩绳
~ à boucle 环形吊索
~ stator 定子起吊

élinguer (*vt*) 吊挂,缆系,吊索系在,挂好吊索;起吊,吊起

emballage (*m*) 包装,打包,捆货,装箱[盒],箱装;包装物[箱];填密,密封

emballement (*m*) 飞逸,逸转;在过载状态下工作,在超转速状态下工作

embiellage (*m*) 装配连杆,连杆装置;(摇)连杆系统,活塞与连杆连接,连杆—活塞组,连杆组件,连杆构件,连杆结构,连杆—活塞机构,曲柄连杆机构

emboîtage (*m*) 装箱,装盒,嵌入,啮合,止口,接合嵌入处;配合,配合面[处],接头配合面

emboîtement (*m*) 装箱,装盒,嵌入,接[嵌,镶,榫]合,啮合,配合;接头,连接物,连接法兰,止口,管座;接合面
~ de l'accouplement inférieur 下法兰连接面
~ arbre supérieur 上轴止口
~ référence 基准法兰

emboîter (*vt*) 装箱,装盒,嵌[套]入,嵌套,接合,榫合,套在,塞

embout (*m*) 嘴,喷嘴,接嘴,套管嘴;接头,尾部,端;箍
~ laiton (黄)铜质抱箍
~ pour tuyau Flex. (flexible) 软管管嘴

embouti (*m*) 碟形板,冲压件;冲压;填密圈

embranchement (*m*) 分岔;支管分岔,叉管

embrocher (*vt*) 插,插入,插进

emmanché (*a*) dur 压紧的

emmancher (*vt*) 装合,紧配,配合,接合,连合;开始,着手;固定,装(上,有),放入,装柄

empêcher (*vt*) 阻止,防止,以防;妨害,妨碍

empilage (*m*) 堆积,堆装,叠放;堆叠,叠片堆叠,堆叠工作;叠片,叠片堆,铁芯;安装,装配,组装
~ de la jante 轮缘[磁轭]冲片
~ ~ ~ rotor 转子轮缘堆积,转子磁轭叠装
~ ~ rotor 转子硅钢片叠放[组装]
~ ~ stator 定子冲片堆积,定子硅钢片叠放[组装]
~ d'un stator 定子堆积[叠],定子铁芯叠装

emplacement (*m*) 位置,定位;标记,位号
~ défini 选定的位置

employer (*vt*) 使用,采用

empreinte (*f*) 印;压痕,紧压;模[型]腔

encastrement (*m*) 嵌固,插入,装入,放置;刚性固定;凹槽,榫眼;插座,塞孔

encastrer (*vt*) 嵌入,插入,装入,放在;镶嵌;作凹槽[部],切口;刚性固定

enceinte (*f*) 罩;壳体,外壳,机壳;护[挡]板
~ chauffante 加热箱

enclenchement (*m*) 合闸,合闸动作;联锁,锁闭;联锁设备;联动[起动]装置;

接入,投入,接合,啮合;连接;接通

~ excitation 灭磁开关合闸

encoche（*f*） 槽,缝槽,线槽;孔道;槽口,洞口,凹口,切口,（小）缺口;沟（锁闭用）;切痕,刻痕;穿孔

encollage（*m*） 涂胶,上胶,浸胶;粘合

encoller（*vt*） 涂胶,上胶,浸胶;粘合

encombrement（*m*） （最大）尺寸;外廓（尺寸）;界限(尺寸),轮廓[外形]尺寸;过载,超载;阻塞,阻尼;堵塞,拥挤;布局的紧凑性;体积,容积;体积大小

endommager（*vt*） （使受)损害,（受到)损伤,损坏,破坏,折断

endroit（*m*） 位置,部位,场所,地方

~ usiné 加工面

enduire（*vt*）de qch 抹,涂(抹,过,覆)；浸涂;镀;覆盖

~ de suif 涂上油脂

enfiler（*vt*） 嵌入,插入,引入,穿入;加好

enfoncement（*m*）des clavettes 打键

enfoncer（*vt*） 嵌入,钉入;穿孔;打键

~ les clavettes 打键

engager（*vt*） 开始(进入);着手(进行),动手,使从事;安装

engendrer（*vt*） 产生,形成;发生,引起

enlèvement（*m*） 拆卸;除去,撤去;移动;举起,上升

enlever（*vt*） 除去,去除,清除,切除,拿掉[走,开],卸去[下,掉],拆卸[除去],撤去,取出;举起,上升

ennui（*m*） 缺陷,故障,失灵,失调,不正常;卡住,停滞,滞涩

enrober（*vt*） 覆(有),遮,盖（上）,涂

（上）,涂保护层;包,裹缠,叠绕

enroulement（*m*） 绕,缠,盘,卷;（电机)绕组,线圈

~ à barres 线棒绕组,棒状绕组,棒状线圈

~ ~ ~ isolées en ISOTENAX 用"依索提纳"绝缘的线棒绕组

~ de commutation 换向绕组,整流绕组,极间极绕组

~ compensateur 补偿绕组

~ compensation 补偿绕组

~ d'excitation 励磁绕组,激励绕组,磁场绕组,激励[发]线圈,励磁线圈

~ de machine 绕组,线圈,卷绕

~ （en）série 串励绕组（单波），串联绕组（单波），串激绕组

~ stator 定子绕组

~ statorique 定子绕组

~s à barres multiples 多芯线棒的绕组

enrouler（*vt*） 卷,缠,缠绕,绕,盘,盘绕

enrouleur（*m*） 卷盘,筒,轴,导轮

~-équilibreur 均衡滑轮

enrubannage（*m*） 叠绕;包层;包扎带（绝缘带等),用带包扎

~ continu de ruban Isotenax "依索提纳"绝缘带连续包扎

~ de mylar adhésif 聚酯树脂胶带

~ au ruban 绝缘带绝缘

ensemble（*m*） 组件,组装件,组合件,装配件,机组;结构;装置,设备;组装,配,组合,堆叠;全体,成套,一组;部件,附件;装配图,总组装图;联动装置,转动部分

~ de l'accouplement　连接部件

~ asservissement　联动装置图

~ circuit magnétique carcasse　铁芯及机座的组合体

~ cône turbine-support pivot　锥体与内顶盖接合，内顶盖与锥体的组合件

~-coupe longitudinale　转轮组装纵断面图

~ coussinet-plaque d'alimentation　导轴承体和供油环的组合体

~ coussinet-support de coussinet　轴承体和支持环的组装件

~ croissillon plancher　上机架—盖板的组装件

~ du groupe　整个机组，机组转动部分

~ mécano-soudé　焊接结构

~ partiel　组件装配，装配图；子集

~ d'un pôle　磁极组装图

~ des pôles　磁极体

~ réfrigérant-tuyauterie　空气冷却器管路的组件

~ scellé　全部埋设

~ support pivot-cône turbine　内顶盖和锥体的组合件

~ turbine-alternateur　水轮发电机组

~ vitré　玻璃挡板

~s "leviers biellettes"　拐臂和连杆[联动板]的装配件

entaille(f)　凹[切，截，槽，斜，缺]口；槽，斜槽，刻槽，键槽

~ de clavette　键槽，燕尾槽

~ pour ~　键槽

entraînement(m)　传动，带动；牵引，输送，挟带；推，移；推移质泥沙的移动，底沙

entraîner(vt)　传动，带动，转动；输送；引起，招致，受到

entrée(f)　进口，入口；引入，吸入，进入；进水管；引入线，输入端

~ d'air chaud　热(空)气进口，热风进口

~ d'eau　进水管；进水口，引水口

~ ~ du coussinet　导轴承进水管

~ d'huile　进油管[口]，滑油系统进油接嘴

entrefer(m)　气隙(处)，(铁芯)空气隙，间隙；起动绕组(转子的)

~s rotor stator　转子定子的空气隙

entremise(f)　附件；中间垫条[隔板]，中间物，插入物，楔子；传导体；(线棒)股线端部连接片

entre-phase(f)　相间距离

entreposer(vt)　存放，存(入货)栈；(存)入仓(库)，入库(货物)，库存；供给，容纳

entre-spires(f. pl)　匝间绝缘层

~ essai sous tension sinusoïdale　匝间绝缘的交流耐压试验

entretoise(f)　横梁，支柱，连接支柱；支撑螺栓，拉紧螺栓，调隙螺丝，长螺帽；螺撑，横撑，撑杆，联杆，隔板，隔环，隔片；垫圈；套管

~ ajustée　调整用螺丝

~ de ventilation　通风沟隔条，辐向通风道隔离片(电机的)

envers(m)　里面，反面，背面

envisager(vt)　考虑，考察，打算，观察，正视，面对；探索

épaisseur (*f*) 厚度;调整(垫)片

~ double par couche à 1/2 recouvrement 半叠绕每层厚度的 2 倍

~ ~ maximin 最大厚度的 2 倍值

~ ~ supplémentaire 增加厚度的 2 倍值(指线棒单面绝缘厚度的 2 倍)

~ d'isolant 绝缘(层)厚度

~ d'isolation 绝缘(层)厚度

~ minimum 最小厚度

~ préférentielle 最优厚度

~ simple d'isolant 线棒单面的绝缘厚度

~ ~ minimale 单面厚度最小值

~ unitaire 单层厚度

épanouissement (*m*) polaire 极靴[掌],极片,磁极片,磁极,磁极铁芯

épingle (*f*) d'ancrage 锚定销,锚筋

époxy (*m*) 环氧树脂

épreuve (*f*) 试验,测验;试样[件];液压试验

~ hydraulique 水压试验,液压试验

éprouver (*vt*) 试验,实验;感到,遭到,遭遇[受],达到;经历[过];考验[查],检查[验];证明,表示

éprouvette (*f*) 试件[样],试块,试棒;试管

épurateur (*m*) 清洗器,净化器,过滤器,滤清器

équerre (*f*) (直)角尺;架子,直角架,角撑架,方框,直吊支架,吊钢;角型材,(小型)角钢

équidistance (*f*) 等距(离),等距分布,间距

équidistant (*a*) 等距(离)的,等分的

équilibrage (*m*) (调)平衡,补偿(配平);匹配,对称;定(中)心;去载,卸荷

équilibrer (*vt*) (使)平衡,使均衡,作平衡调整;(使)匹配;(使)对称;补偿

équipement (*m*) 设备,装置,仪器;附件;安装

~ chauffant 加热器

~ de contrôle 检测仪器,控制设备,检测[控制]装置

~ électrique 电气设备[装备]

~ électronique 电子设备

~ hydraulique 液压设备[系统],水力设备

~ de puissance 电气零件(励磁系统)

~s de basse chute 低水头机组,低水头水力发电设备

équiper (*vt*) 安装,装备[配,置],装配好,装上(有),配上(有);塞好

équipotentiel (*a*) 等势的,等电位的

équivalant (*m*) 当量,等量;等值;等效

ergot (*m*) 销子,销钉

~ d'arrêt 锁定销,止动螺丝[销钉]

~ de décollage 限位销

erreur (*f*) 误差,偏差;错误

~ d'arrondi 成整数误差,舍入误差

~ d'interpolation 内插误差,插值误差

~ d'itération 累积误差,迭代误差

~ de mode commun 共模误差

escompter (*vt*) 考虑到,估计到;预期,指望,期待;指靠;可允许;贴现[水]

espace (*m*) 空隙,间隙[隔],距离,区间;空间;地方,场所;空白

espacement (*m*) uniforme 固定间距[距离]

essai (*m*) 试验,检验;研究,分析

~ à blanc　空白试[实]验,空载试验

~ en centrale　现场试验

~ de clavetage　打键试[检]验

~ diélectrique　（电）介质试验,介电(性能)试验;绝缘（介质）试验,（电气）绝缘强度试验;耐压试验

~ ~ final　最后的绝缘介质试验

~ ~ haute tension［H. T.］　高压耐压试验,绝缘介质耐压试验

~ ~ partiel　部分的绝缘介质试验

~ ~ ~ 2ème plan　第二层线棒部分绝缘介质试验

~ ~ ~ 1er ~　第一层线棒部分绝缘介质试验

~ ~ rotor　转子绝缘介质试验

~ d'effluve　电晕试验

~ de fuites　漏油试验,漏泄试验

~ (en) haute(-)tension continue　直流耐压试验

~ d'isolement　绝缘试验

~ (de) masse　对地耐压试验,接地试验

~ à la masse　对地绝缘试验,对地耐压试验

~ ~ ~ ~ à 3000V altérnatif　3000伏交流耐压试验

~ de[en] pression　压力试验,耐压试验,水压试验,密封试验

~ du prototype　原型试验

~ de la résistance non linéaire　非线性电阻试验

~ simultané　同时[步]（模拟）试验,同时测试

~ entre spires　层间绝缘试验,(线)匝间绝缘试验,(线)圈间绝缘试验

premier ~　最初试验

~s complets　整体试验

~s en cours de bobinage　绝缘处理[包扎]过程中的试验,在下线过程中的试验

~s de disjonction　甩负荷试验

~s d'emballement　飞逸试验

~s d'étanchéité　密封试验

~s partiels　分相试验

~s spéciaux　绕组试验

~s ~ en onde de choc　（绕组的）冲击波试验

~s entre spires　匝间绝缘试验

~s du tachymètre　测速试验

contre ~s éventuels　反复试验

essayer（*vt*）　试(装),尝试;试验,检验

essence（*f*）　汽油,燃料

estimation（*f*）　估计,估价,评价;概算;测定,鉴定

établir（*vt*）　证明,查明,检查[验];提示,揭示;设立,建立;安(置),装,架设;规定,制定,编制,确定,采用;计算,推算;填写;部署

établissement（*m*）　企业,工厂;安装,设置;制定,编制,建立,确立

étage（*m*）　级;层;阶段;时期

étai（*m*）　支撑,(斜)支柱,横梁,拉紧装置,定位装置;支持物

~s de l'arbre intermédiaire　中间轴拉紧装置

étain（*m*）　锡(Sn),软焊

étalonnage（m）　刻度，分度，额定值，读数；测试；检查[验]；校准，检定，率定，标准件鉴定；量规；标准化，规格化

étamer（vt）　镀锡，包锡

étampe（f）　模，冲模，锻模

étanche（a）不透水的，不漏水[气]的；不渗透的，密封的，气密的　（f）（密闭）不漏水；密封，密闭性；封漏工作；防渗；水密；气密

étanchéité（f）　不渗水性，水[气]密性，不渗透性，密封（性）；紧密度，密封度；密封装置，封板，空气密封板，密封接头
　　～ de caoutchouc　橡胶盘根
　　～ ～ rond　圆形橡皮密封，圆形带橡皮密封衬垫

étancher（vt）　堵塞，止流，密封止流[漏]，密封，封严，使不漏水[气]；填充，压实

étape（f）　阶段；步骤；程度

état（m）　状态，情况；位置；表，清单，目录
　　～ libre　放松位置
　　～ de surface　平面情况，表面状态

étau（m）　手钳，夹钳，老虎钳；夹板
　　～ serre-joint(s)　夹钳，点式夹紧钳

étayage, étayement, étaiement（m）　支[顶]撑，用支柱[临时，岩石]支撑；（安装）支柱；支架；支护；固定，加固[强，撑]；支持；拉紧
　　～ arbre intermédiaire　中间轴固定
　　～ de l'arbre intermédiaire avec le croisillon inférieur　中间轴连同下机架的拉紧
　　～ inférieur　下部定位装置，下部支撑
　　～ supérieur　顶部支撑

étayer（vt）　用支柱支撑[撑住]，支撑，支持，加固

étiré（a）　拉[伸]长的，拉伸[延]的　（m）冷拉钢，冷弯（钢）材
　　～ à chaud　热弯，热拔，热拉

étoile（f）　发电机下机架；星型[形]发动机，星型分配器；星状物；星形接线（法）

étoupe（f）　密封材料，填料；废麻，麻絮[屑]

être égal(e) à（loc. verb）　等于，和…相等，相当于

être inférieur(e) à（loc. verb）　少于，小于，低于，在…以下

être en ligne（loc. verb）　对准

être supérieur(e) à（loc. verb）　大于，超过，在…以上，优于

étrier（m）　支架；锁定套；吊环，吊具，吊耳，吊板；箍，管箍
　　～ de fabrication chantier　现场制造的吊具
　　～ ～ manutention　（搬运、装卸用）吊具
　　～ ～ réglage　调正架

étude（f）　学习；研究，分析，探讨；调查，考察，勘查[测，察]；探测；试验，实验，实测；（勘测）设计，拟定，核算；设计图；论著，方案

étuve（f）　烘箱，加热箱，干燥箱[炉，室，机]
　　～ prévuée　设置的烘箱
　　～ ventilée　通风干燥炉[机，箱]

étuver（vt）　烘（烤），焙，烧，用火炉烘干，烘[烤]干，干燥

évacuation（f）　排出[放，泄，空，水]，腾空，抽空；排油，回油；分接，接出，抽头
　　～ de l'air　通气孔
　　～ condensation　凝结水排出管
　　～ d'eau　排水

~ ~ de purge tube　积水排出管

~ fuites joint charbon　炭精密封漏水
排出

évacuer (*vt*)　排泄[除,出,空,放],消[驱]
除,抽(成真)空

évent (*m*)　通气装置,通风机;通风管
[道,沟,孔,口],通[出]气孔

exagérément (*adv*)　过分地,夸张地,夸大地

exagérer (*vt*)　夸大,过大现象

excécuter (*vt*)　进行,实行,执行,履行;制
作,绑扎成;从事,做,操作;实施

excédent (*m*)　剩余,过剩;(剩)余额,余数,
超(过)额;过量,盈余;高出,高过;高出量

excéder (*vt*)　超过,越过,突破

excentré (*a*)　偏心的,中心偏移的,不位
于中心的;不准确的,未对准的

excentrement (*m*)　偏心;偏心距

excentricité (*f*)　偏心度[率,距],不圆
度,偏心圆图形;偏心,远离中心

exception (*f*)　例外,除外,除去,排除

à l'~de (*loc. prép*)　除…(之,以)外,
除外,例外

excitation (*f*)　励磁,激励;电流磁化;扰
动,干扰

exclure (*vt*)　剔除(物),除外,排除

exclusion (*f*)　排除,删除,剔除;除名

exclusivement (*adv*)　除外,不包括在内

exécution (*f*)　进行,执行,履行,实施,完
成;要求;施工,制作,操作,安装

~ complète　截割

exemple (*m*) de dispositf　典型装置

exempter (*vt*) de　免去[除],除尽,保障,
预防

exercer (*vt*)　用,使用,行使,从事;实施;
检查

exigence (*f*)　要求,需要;限制,约束

expédition (*f*)　运[发]送物,批货,发货;
寄发[送],发送[运],运送,递送,派遣;
抄件,抄本,副本,复本

exploitation (*f*)　开发,经营;使[利,运]
用,操作;运转,运行;管理,维护

~ normale　正常运行,正常运转

exposer (*vt*)　陈[叙]述,陈情,所述,说
明,阐明

expression (*f*)　式,表达式

exsudation (*f*)　渗(漏)出,渗出作用;渗
出物

extérieur (*a*)外部[面,表,边,观]的,表
面的　(*m*)外部[面,表,观,貌],外侧

extirper (*vt*)　铲除,刮削掉;清除,消除;
连根拔除

extracteur (*m*)　提取器;取出装置

extraction (*f*)　提取,取出,抽出,引出,
输出;拆卸;引线,抽头;开方

extrados (*m*)　负压侧,吸力[出]侧;拱背
[线],背面(叶片的),叶背,外弧(翼型)

extrapolation (*f*)　外插(法),外推(法),
外延(法);推论

extrême (*a*)　尽头的,末端的,尖端的;最
后的,最末的;特别的,非常的;过分的;
极端的　(*m*)末端,终端,极端,尽头;外
项(数学的)

extrémité (*f*)　端(点,部,面);梢,尖;终
点[端],末[顶,极]端,尾部[端];线头;
边缘,外缘;终端设备

~ de barre　线棒端子(部)

~ du câble　电缆(终)端

~ des câbles　引出线

~ de connexion frontale　连接梁端部

~ ~ fil　引出线

~ inférieure　下端

~s nues des barres　线棒裸露末端

fabrication (*f*)　生产,制造[作],加工,制造法;装配

　　~ client　买方自制

fabriquer (*vt*)　生产,制造[作],加工,做

face (*f*)　面,正面,(接合)表面,连接面,法兰面;侧

　　~ d'accouplement　法兰面,法兰连接[接合]面,连接面,接合面,接触面

　　~ ~ du moyeu rotor avec l'arbre intermédiaire　转子上中间轴法兰接合面

　　~ ~ rotor arbre supérieur　转子上轴法兰连接面

　　~ ~ supérieur　上部法兰接合面

　　~ d'appui　接触(表)面,支承面,接合面,接合处端面

　　~ ~ du coussinet sur le croissillon inférieur　在下机架上的下导轴承的支承面

　　~ ~ d'écrou　螺帽支承面

　　~ ~ inférieur　下部支承面

　　~ ~ de l'isolation　绝缘垫[垫块]支承面,绝缘垫表面

　　~ ~ Jante-Pôle　轮缘[磁轭]与磁极的接触面

~ avant　前面;前面板;正面侧

~ de contact　接触(表)面

~ extérieure　外部表面,外(侧)面

~ de frottement　接触面,摩擦表面

~ ~ glissement　滑面,滑动[移]面

~ inférieure　底面,下面,下部表面,下端面;下侧

~ latérale　旁面,侧面

~ opposée　正面

~ perpendiculaire　垂直面

~ plateau d'accouplement　连接法兰面

~ de portée　接触面

~ ~ référence　基础面,基准面,参考面

~ ~ ~ horizontale　水平基准面

~ supérieure　顶面,上面,上平面,上部表面;上侧(表面);转子轮辐[毂]上法兰,上法兰面

~ ~ d'accouplement　上法兰,上法兰接合面

~ usinée　加工面

~ ~ supérieure　上部加工面

~s d'accouplement　上下面

~s d'appui des pôles　磁极接触面

~s d'assemblage　接合面

~s de la connexion　连接铜排表面

~s côté cale　槽楔接触的一面

~s des plaques d'assises inférieures quarts de carcasse 分块[瓣]机座下面的基础板面

toutes les ~s 每一侧

façon (*f*) 方法,方式;形状,形式,式样;修饰,加工

~ de procéder 安装方法

~ suivante 下述方法

même ~ 同样方法

façonner (*vt*) (型面)加工;型压;切削加工;造型,成形

faisceau (*m*) 束,捆,簇,套,组;线棒端头

de fait (*loc. adv*) 其实,事实上,实际上,确实,的确,果真,果然

en fait (*loc. adv*) 其实,事实上,实际上

fatigue (*f*) équivalente 老化程度

faux équerrage (*m*) 不平整度

femelle (*a*)空(心)的;内部的;阴的(*f*)套管接头(电线的),套管[筒],外壳

fendre (*vt*) 劈(开),使裂,(使)裂开

fenêtre (*f*) 窗(口);口,孔;观测孔

fente (*f*) 缝,裂缝,裂纹;槽(沟);切口,缺口

fer (*m*) 铁(Fe),铁芯

~ d'ancrage 锚杆,锚筋,锚固铁件

~ ~ droit 直锚筋

~ ~ d'équerre 直角锚筋

~ ~ en U 锚锭—槽铁

~ à béton 钢筋

~ H support 工字钢支架

~ I 工字钢,工字梁

~ plat 扁铁,扁钢;(扁铁)锁定板

~ ~ prévu à cet effet 专门制备的扁铁

~ profil I 工字梁

~ profilé 型钢[材],型铁;横梁

~ assez rigide 非常坚固的铁件

~ rond 圆铁[钢],圆条[柱,棒],圆铁棒,圆钢筋

~ U. A. P. [UAP,U,en U] 槽钢

fermer (*vt*) 关,盖,合,关闭,闭合,锁闭,封闭,密封;接通;停止,中止

fermeture (*f*) 关闭,闭合,锁闭,封闭,密封;接通,合闸;封板;挡风板(极间)

~ à la base de la carcasse 机座底部挡风板

~ inférieure 下挡风板,下盖板

~ interpolaire 极间挡风板

~ pales 轮叶[叶片]关闭

~ (du)palier 轴承密封

~ (~) ~inférieur 下导轴承密封

~s interpolaires 磁极间的风页[叶]板,挡风板

ferraillage (*m*) 钢结构;骨架;钢筋;钢筋安装[配置,铺设],配筋;钢筋网

feuillard (*m*) 钢带

feuille (*f*) 页;板,片;图表

~ de caoutchouc 橡皮板

~ ~ papier millimétré 坐标纸

~ ~ tôle 铁皮,铁片

feutre (*m*) (油)毛毡,毡垫,毡带

~ comprimé 层压毡带,压缩毡带

~ imprégné 浸渍过的毡带

~ pour joint 毡垫,毡衬

~ (de) tergal 脊纹毡,脊纹毡带

~ tergal ruban 脊纹毡带

fibre (*f*) 纤维;刚纸(板,板筋)

~ vulcanisée　硬化纸(板),刚纸,橡胶
石棉纸板,石棉(硬化)纸板,硫化纤
维(板),玻璃纤维

ficelle (*f*)　绳,绑绳,细索

~ tressée　编织绳,玻璃纤维绳

fiche (*f*)　销,插销[头];标牌;登记卡;说
明书,备忘录

~ de contrôle　检查卡,检验记录
(卡),个别项目的技术说明

~ femelle de connecteur de prolongateur
ou appareil embrochable　阴[负]极
接入式配件,针式插座

~ mâle~~~~~~~　阳[正]极插
入式配件,针式插头

figure (*f*) jointe　插图

figurer (*vt*)　比喻,象征;相当于;表示,说
明;预测,推算[测],估计,想象;描绘;图
解表明,用图(解,表)表示,用形象表示;
用数字表示[标出];显现出,提到

fil (*m*)　线;导线;电线;引线;纤维;垂球

~ de fer　钢丝,铁丝

~ machine　盘条,线材

~ à plomb　铅垂,铅垂[直]线,垂线;
垂球,测锤[锥]

~ ~~ central　中心铅垂线,中心线锤

~ de sortie　(引)出线,输出线

~s ~~libres sans gaine silionne extérieure
无外部玻璃丝护套的引出线

filerie (*f*)　电路;电线;接线;布线,敷设
线路;配电盘

filet (*m*)　螺纹;(焊接)轮廓线,角[凸]焊
线;网;线路;栅极

~ conique　锥形螺纹

~ triangulaire　三角螺纹

filetage (*m*)　螺纹,螺丝;攻丝,切螺纹,
螺纹加工,套扣;抽[拉]丝;拉伸,拉延

~ extérieur conique　锥形外螺纹

~ femelle　阴螺纹,内螺纹

~ mâle　阳螺纹,外螺纹

~ ~ conique　锥形阳[外]螺纹

~ métrique　公制螺纹,米制螺纹

~ au pas du gaz　管牙螺纹

~ en queue d'aronde　燕尾榫

~ supérieur　上端螺纹

~s d'ancrage　榫齿

fileter (*vt*)　车螺纹,加工(好)螺纹,攻
丝,套扣;抽丝,拉丝,拉拔,拉制

film (*m*)　膜,薄膜;薄层;胶片,软片

~ d'huile　油膜,(薄)油层

~ de loctite　洛克蒂特膜

~ solide et impénétrable　坚固的防渗膜

filtre (*m*)　过滤器,滤清器

~ de l'aération　通气过滤装置

fin (*f*)　结束,终了;停止,中断;目的,
意图

~ de course　终点行程开关;(活塞)行
程终点,行程终端

~ ~ fermeture　闭合终点

~ des lectures　最终读数

en ~ de (*loc. prép*)　在…末端[结
尾],到…的尽头,达…的限度

en ~ de montage　安装结束后

~s de course　限[行]程开关

fini (*m*) à chaud　热加工,热弯

finir (*vt*) de f.　结束,停止,不再,最终

finition (*f*)　修整;精加工,最后加工;结尾

工作;面层,漆面,面层漆,(表面)涂层

~ de montage　组装,安装,装配;结尾
工作

fixation（*f*）　确［规］定;固定,紧固,定
位;扭紧;安装;连接装置,连接物;支持
物,固定件,紧固件;固定装置

~ clavette　紧键用

~ collecteur　管架

~ 6 trous φ18　6 个 φ18 底脚螺孔

fixer（*vt*）　(使)固定,拧紧,装固,装配,
安装;装在［好］,放定,放置,敷设;规
［确］定;指出

flacon（*m*）　(小)瓶,烧瓶

flanc（*m*）　(一)侧;侧面,侧方;边,缘

2~s　两侧

flasque（*m*）　侧板,颊板;圆盘;法兰
(盘),顶［端］盖;圈,环;支架,支座

~ horizontal　水平环板

~ inférieur　底环

~ supérieur　上部端板,(外)顶盖

demi-~（*m*）　半圆

flèche（*f*）　箭头,箭形;弯［挠］曲;挠［垂］
度;悬臂

~ axiale　轴向变形,轴向挠度

~ descendante　向下箭头

~ montante　向上箭头

~s vers le bas　向下变形

~s ~ ~ haut　向上变形

fléchir　（*vt*）使屈曲,使弯曲;屈服　（*vi*）
疲软;(在重压下)屈［弯］曲;屈服

fleuret（*m*）　钻头,钎子

flexible（*m*）　(金属)软管;软［挠性,弹
性］轴

flexion（*f*）　挠［弯］曲;挠度,弯曲度

flotteur（*m*）　浮子,浮筒;浮标;流速指示器;
浮控继电器,浮子继电器;浮子式发送器

fluage（*m*）　蠕［徐］变,塑流,挤出部分,
潜移;屈服(点)

fluide（*m*）　流,流体,液［气］体

à la fois（*loc.adv*）　同时,既…又…

fonction（*f*）　作用,功用;机能,功能,性能;
职能;试验内容;开动,动作,运转;函数

fonctionnement（*m*）　作用,功用;机能,功
能;开动,动作,运转［行］;工作,操作;
行程;工况

~ hydraulique　油［液］压操作

~ manuel　手动运转,人工操作［纵］

~ mécanique　机械动作,机械运转

~ du système　系统运行

bon ~　正常运转,完好状态

fond（*m*）　基础;底,底部;深(水)处,水
的深度;盖(子)

~ de cylindre de servo-moteur　接力器
底盖

~ φ ext.（extérieur）　端盖外径

~ d'encoche　定子线槽底部(下层线
棒),(线)槽底

~ ~ du bobinage　(线棒)线槽底部

~ de logement　线槽(底)

~ plein　端盖;盲板

~ de la rainure　槽面

~ ~ roue　转轮底部

~ soudé　焊接端盖

au ~ de（*loc.prép*）　在…底部,在…
深处;在…极点,极为…

fonte（*f*）　生铁,铸铁;铸件

forage (*m*)　穿孔,钻孔,打眼,钻进,钻井,钻探;凿井,掘井;轴孔;锻制[造]

force (*f*) contre-électromotrice　反电动势

forcer (*vt*)　穿[钻]孔,打入;加力;强制;拉紧,拧紧,压紧;套装

formage (*m*)　造型,成形[型];滚压成型;模[冲]压,冲制[压],模锻;制作

forme (*f*)　形状[态],外形;型式,形式;模型;样板;模;方式,格式

　～ de crochet en fer rond　带钩的圆铁棒

　～ d'onde　波形,信号波形

former (*vt*)　建立;形成,组成,构成;成型,造型,模锻;制作

formule (*f*)　式,公式,格式,程式;配制形式,配制图,布局形式

fort (*a*)　强的,强大的;有力的;强[猛]烈的;牢固的,耐久的;浓密的;大量的,大的;尖锐的

fosse (*f*)　坑,基坑,槽,穴;小沟,凹部

　～ du group　机坑

　～ turbine　(水轮机)机坑

fourche (*f*)　叉,叉形零[部]件,叉件,叉子,叉形接头,分叉[岔];分支,支管[路];插头[塞]

　～ des bornes　引出线的叉形接头

　～ de connexions frontales　连接梁的叉形接头

fourchette (*f*)　叉,叉件,叉形接头,连杆叉头;(继电器)不灵敏区,死区

fournisseur (*m*)　供货[电,应]单位,供电企业,供货[应]者,厂商

fourniture (*f*)　供应[货,给],交货,付给;承订;供应品;装备;办公[文化]用品

　～ client　买方自备

　～ vendeur　卖方供货

fourreau (*m*)　套筒[管];衬筒[套];导套;外套,外壳,外罩;壳体,机匣

　～ de centrage　定位套筒

　～ intérieur　内油槽

　～ maintien　定位套筒

fractionner (*vt*)　分,分解[开,拆,割];区分,细分;分组

fragile (*a*)　脆的,脆性的

frais (*a*)新鲜的;鲜艳的;凉的,凉快[爽]的　(*m. pl*)费;经费;费用,开支;消耗

fraisage (*m*)　铣(切),铣削;穿孔,打眼,扩孔,锪(锥)孔

　～ pour l'emplacement　留着的缺口

fraiser (*vt*)　铣(切),铣削;加工压制;锪孔加工

frapper (*vt*)　打,敲,敲击,击,拍;雷击;模压,锻打;铸造

frein (*m*)　闸,刹车,制动(装置,器),刹车装置;锁定板[片],锁紧垫片,止动(锁)片,锁紧[止动]垫圈;锁口,卡圈,卡瓣;制动锁

　～ d'écrou　锁闭[紧]螺帽;锁定片[条],螺母锁止垫片,止动垫圈

　～ d'équerre　制动螺帽,双耳制动垫圈,锁紧垫圈

　～ double　双孔锁定[制动]片

　～ filet faible　制动小螺纹

　～ rectangulaire　(长方形)锁紧垫片

freinage (*m*)　制动(作用),刹车;制动系统[方式];阻尼,阻滞;减速

　～ automatique　自动制动,自动操作装置

freinage-levage（*m*） 制动起吊［顶起］装置

~ ensemble 制动—顶起装置气油管路图

freiner（*vt*） 制动，刹车［住］；锁定［紧］；减速

fréquence（*f*） 频率，周率，周波；（发生）次数

~ de commutation 接换［换向，转换］频率

~ constate 固定频率

~ de décrochage 失步频率，图像跳动频率

~ étalon 标准频率，刻度频率

~ de mesure 计量频率

~ mesurée 实测频率

~ normale 标准频率，额定频率；（耦合系统的）主模频率，简正频率

~ de référence 基准［参考］频率，导频，领示频率，控制频率

~ ~ réseau 市电频率，电网频率，网路频率

fréquencemètre（*m*） 频率计［表］，周波表，波长计［表］

frettage（*m*） 套紧，卡紧，箍紧，包紧；绑扎；绑扎带，绑绳，加（铁）箍，套箍

~ à chaud 热打键

frette（*f*） 环，支持环；圈，箍，圈箍，绑箍；绑（扎）带，包带，扎线；包边

~ adhésive 胶带

~ d'arrêt 止动箍

~ en toile adhésive 胶布带

fretter（*vt*） 套紧，卡紧，箍紧，包紧；包扎，绑扎，绑牢，绑在；箍（住），套箍，加装铁箍

front（*m*）d'onde 波头，波前，波前沿，波锋；波阵面，激波阵面；（脉冲）上升边

frottement（*m*） 摩擦，摩擦力

fuite（*f*） 漏，漏泄，泄漏，渗漏；漏水［电，气］

~ d'huile 漏油，漏（润）滑油

fur（*m*） 仅用于下列词组中：

au ~ et à mesure（*loc. adv*） 陆续（地），逐步（地），逐渐（地）

~ ~ ~ ~ ~ de（*loc. prép*） 随着

~ ~ ~ ~ ~ que（*loc. conj*） 随着，当…的时候

fusible（*m*） （可熔）保险丝，熔丝；熔断器

fusion（*f*） 熔化［解，融］，烧熔；聚变；混合，掺合；化合，合成

fût（*m*） 杆，柱，轴［柱］身；筒，管；柄，架，座，台

~ de centrage 中心杆［柱］

G

gabarit（*m*） 样板，规样板，模板；模型；规，线规，规尺，量规；工具图；外廓，（外形）尺寸；大小，限界

~ équidistance barreau 定位筋间距等

分量规

~ de positionnement　定位用样板

~ simple　简单量具

gaine（f）　（外）壳,套,罩,箱,盒;电缆护套[外皮];导管,套管,管道(电缆的),管路,管子;(地下)通道

~ d'air　空气管道,通气管,风管[道]

~ annelée　电缆套管

~ capillaire　尾管

~ de chauffage　热风管,加热套管

~ extérieure　外部绝缘套管;外挡圈;室外空气进风道

~ intérieure　内挡圈

~ isolante　绝缘套(管)

~ ~ silionne vernie　玻璃纤维层绝缘套,玻璃纤维(内壁)绝缘套管

~ de réfrigérant　冷却器进风管,冷却器导管

~ silionne extérieure　外部玻璃丝护管

~ Werglass　韦格拉斯套管

galerie（f）souterraine　地下廊道,地下坑道,(电缆的)地下管道

galet（m）　轮,滑轮,滚轮,小皮带轮;滚柱(轴承的),滚轴,(滚动轴承)座圈

~ sphérique　球形滚子

galvanisation（f）　镀锌;电镀;通直流电

gamme（f）　波段;等级,次第;区间,区域,范围(频带);间隔;反差

~ d'écart　偏差等级

~ de tolérance　公差等级

gant（m）de caoutchouc　橡皮手套

garde（f）　保[防]护;防护装置

~ en onduleur　逆变保护角

~ ~ redresseur　整流保护角

garnir（vt）　配备[置];供应;充填,装衬垫;装饰,点缀;封严,密封;处理

garnissage（m）　装[修]饰;砌[嵌,镶]面;充填;填[垫]料,密封料;封严,密封;衬砌层,砌石;衬板,衬里;垫板;装备,配备

~ collé de Nomex-Mylar-Nomex　贴上芳香聚酰胺纸—聚酯薄膜—芳香聚酰胺纸的面层

garniture（f）　垫料[衬,片];盘根;密封圈;衬砌;涂层;附件,配件

~ antifriction　耐磨层,抗磨层,耐磨衬片[带]

~ spéciale　特制[特别的,特种类型的]盘根

gas〈英〉（m）　管牙螺孔

gas-oil〈英〉（m）　柴油,粗柴油,瓦斯油,燃料油

gasket〈英〉（n）　衬(圈,垫),垫圈[板,片],填密片,密封垫(片,板),密封垫圈,填料环,装衬垫,接合垫料,填(隙)料

gaz（m）　管螺纹;气,气体,瓦斯,煤气

gélification（f）　胶凝(作用),凝固;胶化(作用),胶凝化(作用)

gêner（vt）　妨害,阻碍;打扰,干扰;给予限制,使受约束

généralité（f）　概论[要],总论,概述;综述;普遍性,一般性,概括性

~s　概论[述],总论;综合部分

générateur（m）　发电机;发生器;振荡器;蓄电池充电

~ auxiliaire　辅助发电机;辅助振荡器

~ d'impulsions　脉冲发生器

~ ~-voie B　脉冲发生器—通道B[—B组]

~ de signaux　信号发生器

~ synchrone　同步发生机；同步脉冲发生器，同步振荡器，同步发送机

génératrice (*f*)　发电机；(脉冲)发生器；振荡器

~ à courant alternatif　交流发电机

~ ~ ~ continu　直流发电机

génie civil (*m*)　土木[土建]工程，土建施工部门

géomètre (*m*)　(地形)测量员，土地测量者

glace (*f*)　冰，冰点；玻璃

glissement (*m*)　滑动，滑移；转差率(异步电机的)

glissière (*f*)　滑块[板，筒，轨，槽]，滑动片；导向装置，导板[杆，轨，槽]

globe (*m*) valves　球形阀

gorge (*f*)　槽，小槽，小沟；凹口，凹槽

~ "SB"　("丁苯橡胶")密封槽

~ SB pour joint type O′Ring　油封圈槽，O形密封圈槽

~ spécial SB 1,6φ12　放置厚1.6毫米直径12毫米盘根(即密封圈)的专用丁苯橡胶槽

goudron (*m*)　(石油)沥青，柏油，焦油(沥青)，煤焦油

goujon (*m*)　(柱)螺栓，双头螺栓；螺杆；螺柱；销(钉)

~ d′accouplement　连接螺栓

~ ajusté　销钉螺栓

~ d′assemblage　(临时)装配螺栓；(装配)定位销

~ étalon　标准螺栓

~ de fixation　装配螺栓，紧固[扣接]螺栓，双头螺栓；紧固[连接]螺柱；定位器，固定[定位]销

~ en permaglass　玻璃丝质螺杆，Permaglass(北美PG玻璃丝有限公司名)螺杆

~ de serrage　压紧螺栓，连接[联结]螺栓

goupillage (*m*)　销(钉)，(销钉)定位，销定，上销，销住，销入开口销；接合，拼装

~ conique　锥形销

~ radial　径向锁钉

goupille (*f*)　销(钉)，柱销，开口[开尾，接合，定位]销；钉；链

~ ajusté　配合销钉，定位销钉

~ de centrage　中心定位销

~ conique　锥形销，圆锥形销，锥形销钉

~ cylindrique　(圆)柱形销

~ élastique　弹簧[性]销，弹性圆柱销

~ isolée　绝缘销钉

~ mécanindus　(梅卡南迪)合缝销

~ plastique　弹簧销

~ de position　定位销

~ ~ positionnement　定位销

~ radial　径向销

~ de verrouillage　锁闭保险销，联锁销

goupiller (*vt*)　装开口销，放入[插入]销钉；定位，用销钉将…定位，固定，用销(钉)固定，用保险[开口]销固定；上销，销住，装销

gousset (*m*)　加劲板，吊板，连接板，(斜)角板；角撑板；节点板；撑杆，斜撑，斜支柱

goutte（f）　滴,点滴;少许

　　～ à ～（loc. adv）　一滴一滴地,点滴地

　　～ de mastic　环氧胶滴

　　une ～ ～ ～　一滴环氧胶

gouttière（f）　槽;护套;绝缘弯角;电缆走线架;通风孔

grâce à（loc. prép）　由于;幸亏,多亏…,亏得;仗着,依仗…,依靠;藉…之力,借…之力

grade（m）　等级,品级;度,程度;(砂轮的)硬度;润滑油黏度号数

　　～ faible　稀释级

　　～ fort　浓缩级

　　～ normal　标准级

gradin（m）　阶段;级,阶梯,台阶;脚踏板

grain（m）　轴瓦,轴套,衬套;粒,颗粒,晶粒;焊珠[蚕,道,缝];叠珠焊缝;镗刀头

　　～ mobile　推力头

　　～ ～ du pivot　(推力轴承)推力头

　　～s de soudure　焊渣

graisse（f）　润滑脂[油],滑油,软[干]油;油脂;脂肪

　　～ interdite sur ces pièces　这些部件严禁沾上润滑脂

　　～（à la）silicone　(含)硅润滑脂,硅脂

　　～s　脂类

graisser（vt）　涂以黄油,涂[擦,上,注,浸]油;润滑,加滑油;使沾上油污,弄脏

graisseur（m）　加油器,润滑器;油壶,油杯,注油嘴;黄油枪;加油工

graphique（m）　图,图形,曲线图,图表;图解,图示;过程线

　　～ de rotondité　圆度图形

graphite（m）　石墨,净碳

grattage（m）　擦,刮,扒;刮削[平],用刮刀修刮;刮痕,刻痕,磨痕(导线绝缘耐磨试验的),凿毛,拉毛,擦伤

　　léger ～　轻刮

gratter（vt）　刮,削,擦;刮削[平],修刮,磨光;揩擦干净

grattoir（m）　刮刀,利刀,刮板,刮具;铲[刮]土机,刮运机

graveler（vt）　铺砾石,铺砂砾

gravure（f）　腐蚀;刻制,刻蚀法;插图;图版

　　～ blanche sur fond noir　黑底刻白字

　　～ chimique　化学腐蚀(版),化学腐蚀法(印刷电路的)

groupe（m）　(发电)机组;组,套;部分,一组数据,数据组;(成套)设备,装置

　　～ électro pompe　电动潜水泵

　　～ d'excitation　激励装置,励磁机组

　　～ excité　激励机组,励磁装置

　　～ moto-pompe　电动抽水机组,电动水泵组,潜水泵;顶起用电动油泵,电动射油泵

　　～ de pompage　油泵;水泵组,抽水机组

　　～ ～ ～ à l'échangeur　热交换器

　　～s de montage　机组安装

　　～s hydroélectriques　水轮[力]发电机组

guidage（m）　操纵,控制,引导,制导;导引[向];导向装置,导向滑块,导向用锥;引线,接线;操纵,控制

　　～ aux bagues　滑环引线,励磁引[接]线,集电环到转子绕组的引线

　　～ ～ ～ du collecteur　集电环(的滑

环)引线

guide (*m*) 控制,引导,制导;导向装置,
导向管,波导管,导套,导板,导杆,导
轨,导向件,导块

　~ d'air　空气挡风板,挡风板

　~ ~ inférieur　下挡风板

　~ de[pour]bec de cannelure　线槽鸽
尾形导块

　~ de bec d'encoche　线槽鸽尾形导块

　~ ~ cannelure　线槽导块

　~ d'empilage　导块,堆叠用线槽导块

　~ d'huile　导油圈

　~ ribs〈英〉　导向块;导流(叶)片

　~ tube　导向管

guider (*vt*) 导引,导向,制导;领导,指
导;操纵,驾驶,控制;指挥,管理

pour ~ plus efficacement　以便更有效
地导引

guipage (*m*) 卷绕,缠绕;绝缘层(指电
线),(导线的)绝缘层,(电线的)包皮

H

habillage (*m*) 层,覆盖层,包覆;设置,装
修[配]

habiller (*vt*) 包,裹,遮,盖,镀,涂,罩;包
紧,包在,包扎;涂上,镀上,盖上,蒙上;
装配[修]

en haut (*loc. adv*) 顶[上]部,(在)高处,
(在)上面,在上边;朝上面,往上,向上地

en haut de (*loc. prép*) 在…的高处,在…
的上面,在…的上边,在…的顶端

hauteur (*f*) 高,高度,高程;(平)面;水
深;水头;上部

　~ prévue　设计高度

　sur toute la ~ de la carcasse　机座的
整个高度内

hectobar (*m*) 百巴

hermétic (*m*) 封严膏,封口胶,密封材料

hermétiquement (*adv*) 密封地,密闭地

hertz (*m*) 赫(兹)(Hz,频率单位,周/秒)

hésiter (*vi*) 踌躇,犹豫,动摇;颤抖,(切

削时的)震抖

hêtre (*m*) 山毛榉

24 heures (*f. pl*) de séchage du béton　混
凝土凝固 24 小时

heurter (*vt*) 碰,撞,碰撞,撞击,冲击

hexagone (*m*) 六角形;六角钢,六角型材

horizontale (*a*) 水平的,地平的,横的
(*f*)水[地]平线,水平位[面,物];等高
线;横切线(模线图用)

　bein ~　非常水平的位置

horizontalité (*f*) 水平,水平性,水平度,
水平状态[位置]

　~ parfaite　正确水平度

horloge (*f*) (时)钟;时间,时刻

　~ interne　内部(时)钟

　~ à quartz interne　内部石英钟,内部
晶体钟

hors de (*loc. prép*) 出去,离开;在…之
外,在…外面;不再受…影响,脱离了…

的影响,不再处于…状态;不适宜…

～ d'eau　无水,不进水

huilage（m）　（油）润滑,涂［浸,上,擦,注］油;润滑脂;油(冷)淬火

huile（f）　原油,油,油液,润滑油［剂］,滑油

　～ épaisse　重油,重柴油,干油,较稠的油

　～ très épaisse　稠度很大的油

　～ (à)palier(s)　轴承油,轴承润滑油

　～s　油类

huiler（vt）　润滑,涂［擦,抹,浸,充,注,加,上］油

hydraulique（a）水力的,水动的;水压的,液［动］压的;水利的;水硬［凝］的,水硬性的　（f）水力学,应用流体力学;水利(学,工程学)

hydrocarbure（m）　烃,碳氢化合物

hydro-éjecteur（m）　（水力）喷射泵,射(水)泵,(喷水)射流泵;水力射流器,水力排泥器;文丘里喷射管;排水唧筒

hydrogène（f）　氢(H)

hygiène（f）　卫生;保健

I

identique（a）　同样的,相同的;同一的,一致的,恒同的,恒等的

image（f）　图,图形［像］,画;影像;照片;反射(信号);帧(电视)

　～ du courant　电流信号

　～ ～ ～ rotor　转子电流信号值

　～ de la tension　电压信号

impact（m）　撞击,碰撞,冲击(值);震动

impédance（f）　阻抗

importance（f）　重要性,意义;数量［值］,值;尺寸;范围,程度;有效数字

important（a）重要的,重大的;要紧的;大量的,多的,大的　（m）重要说明,注意;重要之处［事,物］

　trop ～　过大的

imposer（vt）　要求,需要;命令,指令［示］,决定;强加［迫］,强制性规定;规定,使承担;记载;装,放,给…以

imprécision（f）　不精［准］确,欠精确

　～ de(s) lecteure(s)　读数不精［准］确

imprégnation（f）de feutre　毡带浸渍

imprégner（vt）　浸透［渍］,渗透;饱和

impulsion（f）　脉冲;动量,冲量;推动,推进

　～ de commande　控制［起动,触发］脉冲

　～ ～ déblocage　起始［开启,启动,启通,导通］脉冲

　～ normale　正常脉冲

　～ rapprochée de déblocage　高频起始脉冲

　～s de chauffage trop violentes　温度急剧上升

impureté（f）　杂质,混合［杂］物;不纯［净,洁］,污染

　exempte de toute ～　杂质都清除

incendie（m）　火灾,失火

inciser（vt）　切,切开,剪开,割开,切割

inclinaison（*f*）　（磁）倾角,偏角;倾斜,
　（倾）斜度,坡度;偏斜［差］;斜率

inclusion（*f*）　包括（含）,含有;杂质,夹
　杂（物）

incorporé（*a*）　内装［置,配］的,做在里面
　的;整体的,铸成一体的;集成的,合在
　一体的;嵌［编,插,算］入的;添加的,混
　进［和］的,掺合的,浸染的

incorporer（*vt*）　并入,归并,合并,插入;
　衔接;算入,编入;内插（法）

indéléble（*a*）　擦［去］不掉的,不易擦掉
　的,不可消［磨］灭的,难以磨灭的

index（*m*）　指示器,定位器,指针;指示标
　线［头］,标记,标号;指示［标］,指数;索
　引;握柄牌号

indicateur（*m*）　示测计,示功计,指示器;
　信号装置［设备］;仪表指针
　～ de circulation d′eau　（空气冷却器）
　　冷却水示流计,循环（冷却）水示流
　　计,示流计（水表）
　～ ～ débit　流量表［计］,示流计
　～ ～ fréquence　频率指示器,频率信
　　号装置
　～ ～ niveau　水位［液面］指示器,水标
　　尺,油位计,油位指示器,油量计;电
　　平指示器
　～ ～ ～ d′huile　（上导轴承）油位指示
　　器,油标尺,滑油油量表

indication（*f*）　（仪表）读数,说明;指
　［表,显,标］示
　～s　资料,数据,内容

indicatrice（*f*）　特征曲线,指示线;指示
　量;指示表,指针（指示器）

indiquer（*vt*）　指示［出］;显［表,出］示,
　表明,说明,指陈;指定;略述,描述,简
　单陈述;提供;标出

indispensable（*a*）　必需的,必不可少的,
　必要的

inductif（*a*）　电感的,感应的

inégalités（*f. pl*）du sol　地面不平整

inértie（*f*）　惯性,惰性

inflammable（*a*）　可燃的,易燃的;燃烧的

injecter（*vt*）　注入,吹入;喷射

injection（*f*）　导［引］入;喷［注］射;注
　油;射油系统［装置］,射油泵;灌浆
　～ d′huile　射油装置
　～ du pivot　推力轴承射油泵

inox（*m*）　不锈合金,不锈钢,不锈金属

inscription（*f*）　记录,登记,记入,注册;
　输入,进入

inscrire（*vt*）　记［刻］上;记［载］入,登记,
　注册,记录在,写在,写好;划一;内接

insensibilité（*f*）　不灵敏（性）,不敏感
　（性）,低灵敏度;非灵敏区,死区,静区
　（自动控制）
　～ aux parasites　对寄生信号的不敏感性

insérer（*vt*）　插入,加入,垫入,嵌入,夹
　入;接通

installation（*f*）　安装,装设;安装方法;
　敷设;布置图;装置,设备,设施
　～ des appareils de contrôle. air. eau. huile
　　安全检测装置（气、水、油系统）配置图
　～ ～ auxiliaires　辅助设备的安装;辅
　　助设备布置图
　～ de l′échafaudage en fosse　下线平台
　　架子安装

installer（*vt*） 安装，装设，装好，装配成；
设置，安置，安放；插好[入]，接好[入]

instruction（*f*） （计算机的）指令，条令；
标准，规范，细则，说明（书），使用[产
品]说明书；程序（计算机的）

～ particulière 专门的说明书

～ technique 技术训练；操作规程，技
术规范[规范]，技术（条件）说明

～s ～s se rapportant au chapitre 10
有关第 10 章的技术说明

instrument（*m*） 仪器，仪表；工具，器械；元件

intensité（*f*） 电流，电流强度[大小]；密
度；亮度

intercaler（*vt*） 插入[进]，放入[置]，嵌入，
垫；接入[通]；涂以

intérieur（*m*） 内部，里面，内侧；内部零
[部]件，内部装置

à l'～（*loc. adv*） 在里面，在内部

～ l'～ de（*loc. prép*） 在…里面，在…
内部

intermédiaire（*m*） 传动装置，齿轮装置；
中间物[层，体]；媒介

～ de câble 导线

～ ～ résistance 电阻

intermittence（*f*） 间歇（性），间断（性），
断续（性）

par ～（*loc. adv*） 间歇地，断断续续
地，间断地，不时地

interpolation（*f*） 内插[推]法，插入法；
插值（法）

interposer（*vt*） 插入，放入，放置；施加；运用

interposition（*f*） 放入，垫；插入（物），夹
入（物）；衬垫；绝缘层；介于，放在中间

interrompre（*vt*） 中止；中断，切断，断
开，断电，开路

interrompu（*a*） 中断的，断开的，切断的，
间断的

interrupteur（*m*） 电门，开关；断路开关；
断路[流，电，续]器；阻流片[板]

～ de course 行程开关

～ ～ fin de course 终点[末端，接头]
开关，行程开关，限制[位，程]开关，
制动限位开关

～ ～ ～ ～ coussinet 顶起行程开关

～ au pied 脚踏开关，脚蹬式开关

interruption（*f*） 中间开口部分；分[拆]
开；切断，断开，断路，断流，断线；中止，
停止，中断，间断

intersection（*f*） 交线，交点；交，截，交
切，交叉，（前方）交会，相交（数）

interstice（*m*） 间隙[隔]，空隙，缝隙，隙
缝，裂缝；裂口，缺口；孔，槽

intervalle（*m*） 间隙[隔]，间距，距离；区间，
范围；单位间隔（绕组中的），时间间隔

～ dans un enroulement 单位间隔（电
机绕组中的）；绕组合成节距

～ moyen 平均间隔[距离]

～ de temps 时间间隔，时距，时隙

intervertir（*vt*） 使变换；使颠倒，倒置；交
[互]换；使交替（发生），调换，换位，颠
倒[改变]次序；使错乱，转化

intituler（*vt*） 加上标题，加标题于，加前
言于，（给…）题名；叫做，命名，取名为

intrados（*m*） 正压侧；下表面；拱圈内弧线

introduction（*f*） 嵌入，插入，进入，输入，
引入，导入，吊入；引用[进]；引论[言]，

导[绪]言;介绍

~ de poussière　灰尘进入

introduire（*vt*）　引[导,输,接,放]入;插[穿]入,装进,放在,就位于;介绍;采用,引进

inverse（*m*）　反对,反面;倒数;逆

inverser（*vt*）　颠倒,倒转[置];转换;换向,反向,改变电流方向

inverseur（*m*）　转换开关,倒相器;换流器

irrégularité（*f*）　不规则性,不均匀性,不一致性,不均衡性;不平整度

isolant（*m*）　绝缘(材料,体,物,层)

~ solide homogène de qualité diélectrique constante　介电性质恒定的固体均质绝缘材料

isolateur（*m*）　隔离子,绝缘子[体]

isolation（*f*）　隔离,绝缘(橡皮,带,垫块,材料);绝缘层[包扎层,包扎层面,包扎部分];绝缘处理,绝缘包扎方法

~ par capot　绝缘帽盖

~ classe 1　第一类绝缘(耐压值)

~ des conducteurs unitaires 2 guipages et une tresse silionne imprégnés araldite　每根导线用双层丝包及一

层环氧树脂浸渍的编织玻璃丝绝缘

~ de l'enroulement　线匝绝缘,线圈绝缘

~ extérieure　外侧绝缘橡皮

~ externe　外部绝缘

~ intérieure　内侧绝缘橡皮

~ Isotenax　"依索提纳"绝缘

~ latérale　径向绝缘橡皮

~ (à la)masse　对地绝缘

~ au ruban　绝缘带绝缘

~ rubanée　绑带绝缘,绕带绝缘

~ entre spires　(线)匝间绝缘,(线)圈间绝缘,层间绝缘

isolement（*m*）　绝缘;介质,绝缘体[物,材料,层];绝缘强度;绝缘电阻;孤立,隔离[开]

~ classe　绝缘等级

~ complémentaire　辅助绝缘

~ des enroulements entre eux　相间绝缘

~ extérieur　外部绝缘

~ préalable　预先包绝缘

~ par rapport à la masse　对地绝缘

~ ~ ~ ~ ~ terre　对地绝缘

isoler（*vt*）　隔离,隔开,孤立;绝缘(处理);使绝缘,使隔离

J

jante（*f*）　轮缘,轮辋,轮圈;环箍,箍条,轮箍;(转子)轭铁,磁轭

~ feuilletée　叠片磁轭(电机的)

jauge（*f*）　表,计,器;测量仪器,测杆;千

分尺,规,规尺,量具,量规

~ calibre　槽规,内径规

~ ~ de cannelure　槽规,线槽内径规

~ du compas　测圆架

~ d'empilage （叠片）堆叠用槽规

~ d'épaisseur　厚度计［规］,测厚规,厚薄规,塞尺,量隙规;千分垫［尺］

~ ~ de 0,05mm　0.05毫米的厚薄规

~ fuites d'huile　油位计

~ （à,d'）huile　量油计,滑油油量表［计,器］,油量表;油位表［计］,油标,油面指示器;（量,机）油尺;油压计;滑油压力表;油比重计

~ （d'）intérieur　内卡,内径千分尺,内测千分尺,内测微计

~ micrométrique　千分尺［卡］,游标尺,内径测微计,测微计［器,规］,千分表

jauger （*vt*）测量,计量;计算容量;估价,评价,评定,鉴定

jet （*m*）de cuivre　铜棒

jeu （*m*）空隙,（配合）间隙,游隙;一套,一副,一组

~ complet　全套,整套,成套

~ au droit des coupes　接合面的间隙

~ de l'emboîtement　配合间隙

~ initial　最初间隙

~ latéral　径向间隙,（圆周）侧隙,边隙,横向间隙,侧面间隙,侧向间［游］隙

~ maxi admissible　最大容许间隙

~ mini（minimum）　最小间隙

~ nominal　规定间隙

~ nul　无间隙

~ prévu　规定间隙

~ entre quarts de carcasse　机座分块［瓣］间的间隙

~ radial　径向间隙,径向游隙

~ ~ simple　单边径向间隙

~ de 1,5m/m au rayon　1.5毫米的径向间隙

~ théorique　理论间隙

~ voulu　规定间隙

joint （*m*）接缝,接头,连接处［点］,焊接点,焊缝;法兰,垫（圈,片）,密封（垫）圈,密封垫［绳］,盘根;合［接］缝板,封口,密封

~ d'arbre　大轴密封,轴封

~ à braser　铜焊接头

~ pour bride　密封片

~ （en）caoutchouc　橡胶［皮］垫,橡胶填料环［垫圈］,橡胶密封（垫,圈）;橡胶密封接头

~ ~ rond φ6　φ6密封绳,φ6橡胶盘根,O形橡胶密封

~ ~ synthétique　合成橡胶垫圈,合成橡胶盘根

~ charbon　炭精密封

~ circulaire　圆形垫圈;圆形接头,环形接合,环形焊缝

~ découpé　密封垫圈

~ étanche　密封;密封垫,止水片;密封接合;填料盒

~ d'étanchéité　密封垫,密封垫圈［片］,封口圈,止水片;密封接合［头］,密封绳;波导（管）垫圈

~ de fermeture extensible　软封接头

~ gonflable　膨胀盘根,膨胀密封

~ gonflé　膨胀盘根

~ （à）huile　油封

~ magnétique　磁性密封

~ métallique　金属密封圈,金属衬垫

～O'Ring　圆形[O形]盘根

～plat　平垫,垫片;平缝;平面封口

～radial　径向焊缝,径向接缝

～rond　圆盘根,密封盘根

～RR　后端盖密封垫片

～RV　前端盖密封垫片

～torique　密封(圆)垫圈,O形密封圈,O形圈,圆垫(片)

～s de carcasse　机座焊缝

～s ～ pale　轮叶密封

～s des segments extérieurs　外侧扇形段接缝

～s verticaux　垂直缝

jonction (*f*)　连接,接合;接头,接合点[处],连接点;连接线;中继线;凸缘[耳,块]

joue (*f*)　颊板,颚板,侧[面]板,环板,耳板,压板

～inférieure　下部环板

～～ de la carcasse　机座下部环板

～intermédiaire　中间环板

～suivante　下一块环板

～supérieure　齿压板

～s carcasse　机座环板

～s des quarts de carcasses se raccordant le mieux possible　各机座分块[瓣]的环板应尽可能对齐

judicieusement (*adv*)　判断公正地,合理地;明智的,明理的,恰如其分地

justifier (*vt*)　证明(正确),证实;说明;定为;(数据排列位置的)调整,修整;对位,对齐

K

kiloampère (*m*)　千安(培)(kA)

kilocycle (*m*)　千周(波)

kilohertz (*m*)　千赫(兹)(kHz)

kiloohm (*m*)　千欧(姆)(kΩ)

kilopériode (*f*) par seconde　千周/秒,千赫(兹)

kilovar (*m*)　千乏(kvar)

kilovolt (*m*)　千伏(特)(kV)

kilovolt(-)ampère (*m*)　千伏安(kVA)

kilowatt (*m*)　千瓦(特)(kW)

kilowatt-heure (*m*)　千瓦时(kW·h)

L

de là (*loc. adv*)　从那儿;由此,据此;因而,因此

labyrinthe (*m*)　挡圈,密封圈,封严圈;迷宫,迷宫环,迷宫[曲径]式密封,盘根压环

~ mobile 旋转迷宫

laçage（*m*） 系牢，系紧；结带，打结；麻布蒙皮加固；涂（漆，胶）

laine（*f*） de verre 玻璃丝[绒，棉，纤维]

laisser（*vt*） 留，保留，留下[出]；让

~ dépasser le joint de 2 à 3 m/m aux extrémités 让盘根自两端伸出2～3毫米

laitier（*m*） de ciment 水泥渣，水泥砂浆

laiton（*m*） 黄铜

lamage（*m*） 锪窝[孔]，锪孔加工；凹口封，封板；刮平

lame（*f*） 薄片[板]；簧片；刀片；扁钢；薄层；钻头，钻头括刀；叶（片），桨[轮]叶；斧面

~ d'acier 钢板

~ porteuse 支承面

~ "Victoria" 维多利亚钻头

lamé（*m*） 扩孔；交织有金属丝的织物；饰有金银箔片的织物；层压制件[材料，塑料，橡胶，板]，叠片，绝缘层

laminage（*m*） 轧制，滚孔，拉延，压延，调节；芯棒扩孔；叠片

laminé plateau（*m*） 扁铁

lanterne（*f*） 灯，信号灯；十字[四通]接头；十字扣，花兰螺丝，松紧螺扣

laps（*m*） de temps 时间间隔

larget（*m*） 扁铁；板料

largeur（*f*） 宽度；跨度（压力拱的），跨距

~ à la base 3 mètres par 3 mètres 底部宽度：3米×3米

~ au sommet 顶部宽度

latte（*f*） 板条；杆，测杆[尺]，水尺；钢垫板，（焊缝下）垫板

~ de bois tendre 软质木板条

laver（*vt*） （清）洗，洗涤，冲洗（干净），洗清[净]，洗刷

lecteur（*m*） 记录[读出，读数]装置，读数[出]器；读数（仪表的）；判读，测读；测读者，阅读者，读者

~ à droite du niveau 在水平尺的右侧读数

~ à l'aide d'écouteurs 用耳机读数

~s aller 向外读数

~s retour 换向后读数

légende（*f*） 注解，凡例，图例，符号解释；（图表等的）说明文

léger（*a*） 轻（型）的，不重的，轻质的；轻微的，软的；（轻）薄的，稀（薄）的，清淡的；稍加；轻易的；简便的；轻巧的，细巧的；不显著的

légèrement（*adv*） 稍加，略加，少量地；慢慢地；轻度地，软软地，轻快地；不显著地；轻巧地，细巧地；轻便地，单薄地；简单地；轻率地，随便地；轻松地

lentille（*f*） 透镜；盘阀阀瓣，盘形阀舌

levage（*m*） 吊起，吊运，顶起，上升，提高

~ rotor 转子起吊

levée（*f*） 升高，上升，举[抬，升]起

lever（*vt*） 举[抬，吊]起，升高，提高；测绘，测量；解除

levier（*m*） 手柄，把手，摇把[臂]，拐臂；操纵杆，连杆；平衡杆；杠杆，撬棍[棒，杠]

liaison（*f*） 连接，接合，耦合，焊接；连接件，软接头；胶结砂浆；通信

~ mécanique 机械结[接]合,机械连接,机械砌合

~s 连接件

~s à effectuer 焊接

~s voie A aux thyristors 往晶闸管[可控硅]的连接通道 A

libérer（*vt*） 解除[放],撤除[去];松开,放松,释放[出],放出,解脱;腾空;清偿;免除;清除【计】;游离;放行

libre（*a*） 自由的,不受约束的;空的,空闲的,空缺;自动断路(解扣)的

~ dilatation 自由膨胀

librement（*adv*） 自由地,容易地,无限制地,随意地;不拘形式地

lieu（*m*）idéal 理想场地

ligne（*f*） 排(线棒股线),(穿孔卡的,矩阵的)行,列;线,线路

~ d'arbre 轴线,大轴中心线

~ de contact 接触面[网,线,导线],搜索线;导电条,汇流条

~ d'écart nul 无偏差线

~ équigradiente 等斜率线

~ de fuite 漏径;漏电路,爬电距离;沿面放电路径,闪络路径(绝缘子的);没影线

~ ~ rappel 补偿线,恢复线,回答线,清除线【计】,复位线

~ zéro 零线,基准水平线

lime（*f*） 锉,锉刀,钢锉

limite（*f*） 极限,限度;范围,界限;边界;终止,终点;末端;公差;极限值,极限尺寸

~ de déphasage 相位差的限值

~ ~ fourniture 供货界限

~ graduations sur φ68 fictif 刻度线端部限定在 φ68 圆周上

~ nominale 极限配合公称

~ d'usinage 加工限度

limiteur（*m*） 限幅器;限速器,(脉冲)限制器,限动器,止动器;挡板;锁销,止动销

~ d'ouverture 开度限制

~ de tension 电压限制器

liquéfier（*vt*） (使)液化,使化为液体,使成液体(指气体);(使)融化(指固体),(使)熔化,熔解

liquide（*m*） 液体,流体

~ incolore 无色液(体)

~ transparent de couleur jaune paille 淡黄色的透明液体

lire（*vt*） 读懂,看懂;看出,读出,(读出)读数,记下;阅读,阅览,看(书等)

lisser（*vt*） 使光泽,使平[光]滑,磨光,修匀;安装栏杆,安装纵向加强肋

liste（*f*） 表,一览表,单(子),目录,项目,清单,名册,表册

~ de pièces 材料表,零件表

~ ~ référence 产品目录表,参考记录

livrer（*vt*） 交付[出],供给[应],供[交,发]货;装(备,修);确定地点[位置];放弃;传输

localisation（*f*）des instruments de sécurité 安全装置布置图

localité（*f*） 局部;场所,地方;确定的地点

loctite（*f*） 洛克蒂特特种树脂

~ "Autoform" 自动成形[模压]树脂

~ forte　高强度 loctite 树脂

~ frein filet　螺纹密封树脂

~ ~ ~ faible　中等 loctite 树脂,稀释
级螺纹密封树脂

~ ~ ~ forte[grande]　高级[高强度]
loctite 树脂,浓缩级螺纹密封树脂

~ ~ ~ normal　标准[普通]loctite 树
脂,标准级螺纹密封树脂

logement（*m*）　原来位置;槽(子),盘根槽
内,凹槽;沟;(插座,弹簧座等)座;凹
口;住宅,居所,宿营地

loger（*vt*）　安置,安放,装入,插入;居住,
住宿

longeron（*m*）　框架底槽;纵[大,翼,主,
桁]梁

longueur（*f*）　长度;距离;持续时间

~ axiale　轴向长度

~ chauffrant　加热段长度

~ à couper　截去长度

~ de dépôt　焊接分段长度,堆焊长度

~ développée　展开长度

~ ~ moyenne　平均展开长度

~ ~ totale　总展开长度

~ ~ unitaire　单位展开长度

~ excessive　超长部分

~ initale　毛坯长度

~ à recouper　截料长度

~ totale　全长,总长

~ de 1 tube　每节管长

~ unitaire　单长

~ utile　有效长度,有用长度

lot（*m*）　一批[组,套,段,束];(一)部分;
份,份额;批件;车组;成批

lourd（*a*）　重的,重型的;笨重的,不灵活
的;粗壮的;沉重的,繁重的;重大的;
湿热的

loquet（*m*）　插栓[销]

lubrification（*f*）　润滑(作用);涂[加,
注,上]油,加润滑油[脂,剂]

~ de la pompe　射油泵(的)加油(管)

~ par pompe　用油泵润滑,泵油润滑

lunette（*f*）　望远镜;光学瞄准具,光学水
准仪,光学仪器,测量仪器

~ graduée en centièmes de m. m.　刻
度为百分之一毫米的光学仪

M

machine（*f*）　机器,机械;装置;机构;发
动机,(发)电机

~ alternative　交流电机

~ froide à l'arrêt　静止状态时

~ froide,à l'arrêt　停机时

~ à haute fréquence　高频发电机

~ hydraulique　水轮发电机;水力机
械;液压机(床);液压传动机构

~s munies d'électrodes condensateurs
装有内屏蔽电容电极的电机

～s de tension　发电机电压

mâchoire（ƒ）　夹钳,夹紧装置;接线柱,端子

madrier（m）　梁,主纵梁;板,厚（木）板（至少 6～8 厘米厚）,（厚）板材

magasinage（m）　储藏,仓储,存库,入库;存库保管费,栈租

magnétisation（ƒ）　磁化,起磁,充磁;磁化试验,磁检验

magnétoscopie（ƒ）　磁力探伤[检验,检查],磁粉探伤;磁性记录法

maillet（m）　槌,（大）木槌,木锤

　～ en cuir　皮锤,包皮木槌

　～ ～ matière plastique　塑料锤

　～ peau de porc　猪皮锤

maintenir（vt）　保持,维持,维护[修],保养,保存;支持,使固定,吊住,绑牢;处于;确认

　～ en condition　处于[保持]良好状态

　～ contre　紧靠

majoration（ƒ）　增加,提高,上涨;增值

majorer（vt）　加,增加[大,多];增强[进];高估

malaxage（m）　搅拌,拌和

malaxer（vt）　搅拌,拌和,混和,混合

malaxeur（m）　搅拌机,拌和机;搅拌器

mamelon（m）　凸起;接头,管节;衬套座;耳轴,轴颈,凸耳

　～ biconique　双锥形接头

　～ double　双接头,带螺母外丝接头,双外螺栓

　～ réduction　大小接头,并紧螺帽

manche　（ƒ）(软)管,(套)筒;管道,进气道;通路　(m)柄,把,杆;操纵杆;摇把,把手

manchette（ƒ）　风路,风道（电机的）;套筒[管];垫[轴]圈,衬垫,填塞环垫圈;密封圈,皮碗,胀圈;联轴节（管子的）

manchon（m）　套管[筒];轴[衬]套;(直通)管接头,接头,连接管;短管;联轴节;插座;管节;密封连接

　～ de réduction　变径管套[套管],大小头管套[套管],大变小连接套,异径转接套管,转接管套,异径接头[管套],联轴齿套,钻头套

　～ union　套节,接头

manière（ƒ）　方式,方法;式样;状态

　～ identique　相同方法

　～ de procéder　安装方法[程序]

　～ la plus rationnelle　最合理的方法

　même ～　同样方法,方法相同

　de ～ à(loc. prép)　以…方式;要,使;为了,以便(后接 f.)

　de ～ que(loc. conj)　为了(后接 subj.,说明目的),以便…(期望的结果),使;使得,以致(后接 ind.,说明真实的结果),其结果是…

manille（ƒ）　圈,环,钩[链,系]环;卡钉;夹子;卸口;吊耳;白麻[棕]绳

　～ droite à vis　立式[正向]螺杆[丝]卸口

　～ de levage　吊环螺栓

　～s droites　正向卸口,立[竖]式卸口

　～s Lyres　利雷斯卸口

manipulation（ƒ）　操纵[作],控制;键控

manipuler（vt）　操纵[作],使用,控制;搬动[运],吊运;配制,调制

manivelle（ƒ）　曲柄[拐,轴];传动臂,联

臂;手把,摇把,手柄;旋钮;操纵盘[杆]

~ double 双联臂

~ simple 单联臂

manœuvrer (*vt*) 操纵[作],控制,指挥,驾驶;运用[转],拨[运]动,机动;调车

faire ~ 驱动

manomètre (*m*) 压力表[计],气压计[表];流体压强[力]计

~ à contacts 接触式压力计,膜片压力计;膜式测压计;压力开关

~ Serseg "塞萨克"压力表

manostat (*m*) 压力开关,压力调节[整]器,压力继电器,压力稳定器,恒[稳]压器

~ SOPAC "索派克"压力继电器

~ type "SOPAC" PLE40 "索派克" PLE40 型压力继电器

manque (*m*) d'huile 供应事故;(滑)油不足

manquer (*vt*) 未做好,补上先前留出;失掉,失去,搞糟,弄[使]失败 (*vi*) 缺少,欠缺,失败;犯错误

manteau (*m*) 外顶盖;外壳,壳体,护套;表层

~ de roue 转轮室,转轮外顶盖

manuellement (*adv*) 用人工,用手(动),用体力

manutention (*f*) 装卸,搬运,吊运(用),起吊,吊装;吊具

~ carcasse 机座吊运用

manutentionner (*vt*) 完成,渐渐做成;装卸,搬运,吊运;制造[备];配[装]备;配[调]制;综合加工,制造商品;调度

marbre (*m*) 大理石;(调)平板,标准平板,基准块,底板,面板;校正[检验,划线]平台

marche (*f*) 过程,行[进]程;方法,步骤,顺序;运动[转,行];进行;转速;(楼梯的)踏步,梯级;(机器的)踏板,脚蹬

~ automatique 自动操作(位置),自动运行[转]

~ en charge 重车运行,负载运行

~ manuelle 手动操作(位置)

~ à vide 空转[载],空行程,无[空]载运行;开路(电路的)

~ ~ ~-synchronisation 空载—同步运行

marchepied (*m*) (脚)踏板;脚蹬(板)

marquage (*m*) 标记,刻上记号

marquer (*vt*) 加记号,标出记号,画好标记,画出,将…编号

marteau (*m*) 锤(子),铁锤,锻锤,榔头

~ d'acier 钢锤

~ de cuivre 铜锤

~ d'eau 水锤

masquer (*vt*) 假[伪]装;隐蔽,屏蔽;盖上,覆盖,关闭,掩盖,遮盖;控制(住),防止

masse (*f*) 质量,重量;物质;大锤,锤子;铁芯;堆,团,块;接地(装置),对地,地线

~ Acier 钢大锤

~ 1/3 anneau extérieur 1/3 外环重

~ châssis "puissance" 电源柜端子接地

~ ~ "régulation" 调整柜端子接地

~ ~ ventilateur et auxiliaires 通风机和辅助设备端子接地

~ croisillon rotor　转子轮辐体总重

~ électrique　电气接地

~ du flotteur　浮子重量

~ mécanique　接[外]壳接地;接地设备

~ du moyen　中心体重

~ en plomb　铅锤,铅大锤

~ tombante　落锤

~ totale　总重量

~ de 3kg　3千克重的锤子

à la ~　接地

masselotte (*f*)　铸口,冒口,浇口,浇冒口;平衡,配重,重块,惯性配重,重锤(调速器);离心调节锤;钢锭收缩头;补偿器,补偿片[面]

massette (*f*) en cuivre　铜锤头

massif (*m*)　大块,块状体,实体,混凝土块

~ de béton　混凝土块[体],混凝土基础(块体)

mastic (*m*)　胶合[粘]剂,密封剂[胶];填充物(绝缘用),填料,油灰,腻子,封泥,马脐脂,胶粘水泥;涂以油灰

~ araldite　环氧胶,环氧树脂胶

~ polyester　聚酯腻子

masticage (*m*)　(油灰)嵌缝;填充;密封胶剂;抹油灰,嵌油灰,刮腻子;用胶粘剂粘接

mastiquer (*vt*)　填满,塞入,灌注;涂,抹[嵌]油灰,刮腻子

matage (*m*)　锤打[击],锤扁[薄],锻扁[薄];铆击,敲击(敛缝);填缝[隙],堵缝,敛缝(凿);旋紧;损伤;消光;冲制,压模;刻印,凿子

~ en 4 points　4个凿槽点

mater (*vt*)　铆严,焊完;锤薄;镏打,锤打[击],敲打,铆击;填隙;敛缝;消光,磨砂(使玻璃等无光泽)

matérialiser (*vt*)　实现,落实,成为事实,使具体化;体现,表示

matériau (*m*) isolant　绝缘材料

matériaux (*m. pl*) de remplissage　充填(材)料

matériel (*m*)　材料;用途;装备,设备,装置,设置

~ d'assemblage　连接零件

~ nécessaire　需用零部件

~ plastique　塑料,塑性[胶]材料,电木

~ de rechange　备用零件,备品[件],备用设备

~ ~ remplacement　备品[件],备用零件,备用器材

~ utilisé　需用零部件

matière (*f*)　材料,原料;物质;内容,题材,科目

~ plastique　塑料,塑胶[性]材料,电木

matriçage (*m*) à froid　冷模压,冷模锻

maximum (*m*)　最大[高](值),最大[高]限度

au ~ (*loc.adv*)　最高(度),全部;尽可能地,最大限度地,至多;极,最,非常,极端地

mécanique (*f*)　力学,机械学;机械[器]

mécanisme (*m*) de vannage　活动导叶操作机构,导叶操纵机构,导水机构,阀门机构,闸门操作机械;流量调节装置

mégawatt (*m*)　兆瓦(特)(MW)

mégohm（*m*）　兆欧（姆）（MΩ）

mégohmmètre（*m*）　绝缘电阻表，摇表；兆欧表［计］，高阻表［计］

mélange（*m*）　混合，拌和；混合物［料，气，液，体］；混频【电】

　～ de couleur uniforme　一色的混合物

mélanger（*vt*）　混合［和］，调和，拌和，掺合；搅拌

mélangeur（*m*）　混［变］频器；搅拌机［器］，拌和机，拌和器

membrane（*f*）　膜（片），薄［隔］膜；弹性油箱；支座座圈；隔板；止水墙

membre（*m*）　项，元；端（方程的），边（方程的）

　premier ～　（方程的）左边［端］

　second ～　（方程的）右边［端］

mémoire　（*m*）报告书，科学论文报告，学术报告，学术论文；记录　（*f*）记忆，存储，存储器【计】

　pour～　注意，备查，为提醒起见，作为备忘，作为材料

mesure（*f*）　测量［定，试］，度［计］量，量度；尺寸；程度，范围；方［办］法，措施；检验工作；标准；量器

　～ de courant de fuite en haute tension continue　直流高压漏泄试验

　～ courants　电流表计盘

　～ étalon　标准规，标准量度

　～ d'impédance　阻抗测量

　～ d'isolation　绝缘测量

　～ d'isolement　绝缘测量，绝缘测定

　～ de potentiel rotor coussinet　轴电位测量用碳刷

　～ ～ résistance　电阻测量［测试］

　～s incohérentes　测得回路断开

mesurer（*vt*）　测量，测定，测试；衡量，估计；尺寸为，大小为

métal（*m*）　金属，合金

　～ léger　轻金属

　～ régulé　巴氏合金面，巴氏合金

méthode（*f*）　方法，方式，手段；程序，顺序，秩序；体系，系统

　～ CAYERE　卡耶尔测读法

　～ de détermination　计算法

métreur（*m*）　施工员，测量员

metteur（*m*）au point　调试员，（机械、电气的）装配调试工

mettre（*vt*）　放（置），置，设置，安（设，排），装，安装，搁，摆，放进［入］；插［加］入，旋紧，使固定，装上；涂在

　～ au contact　旋紧

　～ à l'emplacement　安装在…位置上

　～ de niveau　找平

　～ en place　安装，装（配）；就位，放上，拧在，装在；放［插，拧］入；套上，配好，装好，组装；固定；放置；取（数），取出（指令等）

　～ ～ les autres barreaux de la même façon　用同样方法组装其他定位筋

　～ ～ ～ définitivement　最后加工

　～ en pression　施加压力

　～ au rond　矫正圆度

　～ qch en tension　把某物收紧

　～ à la terre　接地

meulage（*m*）　磨光，修凿光洁；研磨，磨削，磨碎

meule (*f*)　磨石,砂轮;砂轮机

meuler (*vt*)　磨光[去],研磨,磨削(用砂轮)磨

meuleuse (*f*)　磨床,打[研]磨机,砂轮机,磨光机

microhm (*m*)　微欧(姆)(μΩ)

micromètre (*m*)　测微计[尺,规,器],(内径)千分尺,千分卡,分厘卡

micron (*m*)　微米(μm)

microseconde (*f*)　微秒(μs)

milliseconde (*f*)　毫秒(ms)

　~ par carreau　毫秒/格

millivolt (*m*)　毫伏(特)(mV)

minimum (*m*)　最小值,极小值,最低值,最小量,最少量;最低[小]限度

　~ de rotation　最小量的转动

　au ~ (*loc.adv*)　至最低程度,到最低限度;至少,最少;此外

minium (*m*) de plomb　红铅,铅丹,铅朱红丹,四氧化三铅,防锈漆

minutieusement (*adv*)　仔细地,细心[致]地,精细地

miroir (*m*)　镜,反射镜,磨光面

　~ réflecteur　反射镜,反光镜

mise (*f*)　安装,装置;放置,安放[置];固定,确定;处于(某种状态)

　~ en butée　固定

　~ à la masse　接地,搭铁

　~ ~ niveau　整平,修平;校平;水准测量;调整;升级

　~ de[en] niveau　水平度的调整,校正水平,找平

　~ en œuvre　起动,开动;操作,运转;运用,采用,使用;着手,开[动,施]工;加工,整理;刷漆;包扎;调制,使用方法,取出使用;发挥;实施

　~ ~ place　安放[置];装置,安装,装配,组装[合];装[安,放]好,就位,套入,插入,放入,堆上;建立

　~ ~ ~ des capots isolants　绝缘帽安装

　~ ~ ~ définitive　最后就位,最后安装

　~ ~ ~ des quarts de carcasse　分块[瓣]机座组装

　~ ~ ~ de la refrigération et de l'équipement électrique　冷却系统和电气设备安装

　~ au point　解释,阐明;修订;调整(好),调[校]准,调节;控制;定位;调谐;确定,制定[订];试制;研磨,精磨;使清晰,聚焦,调焦,定焦点,对光

　~ en pression　压紧;形成压力,加压

　~ au rond　调[校,整]圆;排成圆周;圆度

　~ en route　(试)运转,投入运行,起[开]动

　~ ~ service　起[开]动,运转;投入(使用),交付使用,启用

　~ ~ tension　压紧

modalités (*f.pl*) d'application　用法

mode (*m*)　方法,方式;种类,类型[别],型别[式],式样,式;形状,状态,波形,形式;模型,模式,样式,格式;装置,系统,体系;情况;规范,范围;工况;手段

　~ commun　共模

　~ opératoire　操作方法[方式,规程],运算方式;安装[使用]方法,装配程

序;施工方法;工作制度

modèle (*m*) normalisé　标准化模型

modifier (*vt*)　改变,变更[动];修正[改],更改;变形;改型

module (*m*)　模数,系数,模量,率,因数;度,量,计量单位;组件,模块;回路;年平均流量

Module AIA (Amplificateur d'impulsions-voie A)　脉冲放大器—通道 A[—A 组]

Module AL (Alimentation)　电源装置

Module GIB (Générateur d'impulsions-voie B)　脉冲发生器—通道 B[—B 组]

Module RE (Régulateur de tension)　电压调整器

Module RhA　"自动(控制)"整定变阻器,"自动"电位调节器,"自动"调节器(调节电位用),"自动"电位整定器

Module RhM　"手动(控制)"整定变阻器,"手动"电位调节器,"手动"调节器(调节电位用),"手动"电位整定器

Module RQ (Régulateur de puissance réactive)　无功功率限制器,无功功率调节器

module servo-potentiomètre　整定变阻器组件,电位整定组[元]件

Module SMI (signalisation manque impulsions)　脉冲事故检测与信号装置,脉冲信号发送器,脉冲信号装置

mollion　(莫利翁)润滑油

molybdène (*m*)　钼(Mo)

molykott　(二硫化钼)润滑脂

molykotter　涂以[上](润滑)油脂,涂以二硫化钼润滑脂

moment (*m*) d'inertie　惯性(力)矩,转动惯量,惯性动量

à tout moment (*loc. adv*)　随时,时时刻刻,任何时候,不断地

monophase (*a*)单相的　(*f*)单相

monophasé (*a*)单相的,单相电流的(线至中心点)　(*m*)单相(交流电),单相电流,线对中性点单相

montage (*m*)　装配,安[叠,组]装,固定,安装工作;框,架;布线;电路;线路(布置);连接法

~ du collecteur　集电环安装

~ des connexions circulaires et frontales　引出线和环形连接线安装

~ coussinet inférieur　下导轴承安装

~ du croisillon supérieur sur stator et le réglage　上机架在定子上安装和调整

~ définitif　最后安装,最后组装

~ guidage aux bagues　滑环引线的安装

~ mécanique　装配,机械安装[装配,装置]

~ rotor sur plage　转子在装配间安装

~ stator ~ ~　定子在装配间[场]安装

~ du système porte balais　刷握(装置,系统)安装

~ des tôles stator　定子铁芯叠装

~ en △ (triangle)　三角形连接;三角形电路

~des tuyateries sur le croisillon inférieur　下机架上的管路安装

montant (*m*)　立[支,斜]柱,撑杆;座;框架;总额,(总)金额,总计;涨潮

monter (*vt*)　安装,装配[置,设],组装;

安放,放置,就位,装在;连接,拧上;打进,封固;提升,上升,升起,顶起,吊起,调高,升高;增加,增长

monteur (*m*)　装配工,安装工,安装人员,接线工,电工;装入程序

montre (*f*) de comparateur　千分表

montre-comparateur (*f*)　千分表

monture (*f*)　装配,安装,支架,框架,托架,托座;插座;夹紧装置,夹紧器

　～s à galet de renvoi　滑轮(装置)

morceau (*m*)　块,一(小)块,瓣,(一)段,(一)片,件

mortier (*m*) fin　薄层水泥砂浆

moteur (*m*)　发动机;马达,电动机;动力装置;信号驱动电机;传动电机

　～ (à)haute tension　高压电动机,高压电机

motopompe (*f*)　摩托泵;机动泵;电动泵,电动油[水]泵,潜水泵

motoréducteur (*m*)　电动机及减速装置,(带行星轮系的)减速电机,减速电动机,马达减速器;减速器,电动减速器

moulage (*m*)　铸造,浇铸,铸模;造[铸]型;(塑料的)模压,模压作业,模塑[压]品;铸件

　～ intermédiaire　模压绝缘帽盖

moulinet (*m*)　(手)摇车,绞车[盘],卷扬机;卷,(垂线)卷筒,卷轴,卷线车;流速计[仪],风速计[仪];(通用的)仪器;轮叶,叶轮,桨;(叶片式)功率机

mousse (*f*)　泡沫,气泡;泡沫塑料

　～ de néoprène　氯丁橡胶泡沫塑料,氯丁二烯橡胶泡沫塑料

　～ nylon compressée　压缩尼龙网

　～ plastique　泡沫塑料

mouvement (*m*)　运动;运转[行];动程;开[转,移]动,位移;机构,机械(装置)

moyen (*m*)　方法,手段;工具;设备,设施;资料;中数,平均数,(比例)中项,内项

　～ approprié　适当的方法

　～ de chauffage　加热方法

　au ～ de (*loc. prép*)　用,以,借助于,通过;使用,使用…(工具),利用,用…的方法;通过…的手段,凭借

moyenne (*f*)　平均(值),平均数;中数,中项

　～ des lectures　读数平均值

　～ ～ moyennes　各平均值的平均值

moyeu (*m*)　毂,轮毂[壳],中心体,转轮(体);套筒[管];轴套,衬套;轴座

　～ central　中心体,转轮体

　～ (du)rotor　转子(中心)体,转子轮毂

　～ rotor avec l'arbre intermédiaire　转子体中间轴

munir (*vt*)　准备,配[装]备;装有,备有;供应,供给

mylar (*m*)　密拉,聚酯薄膜(绝缘材料),涤纶薄膜,聚酯树脂,聚酯胶片

　～ adhésif　密拉树脂胶带,聚酯树脂胶带

　～ ～ rubafix　聚酯树脂透明胶纸带

　RB - ～　聚酯树脂绝缘带(ruban 的缩写 RB)

N

nature（*f*） 性质；本性［质］，特性［点］；类，种类，型，类型

néanmoins（*adv*,*conj*） 但（是），可是，然而，仍然，不过，虽然这样

négative（*f*） 负数［量，值］，负［阴］电，阴极板；否认，否定，否决；拒绝

neige（*f*）carbonique 干冰，炭雪，固体二氧化碳

néoprène（*m*） 氯丁（二烯）橡胶

nervure（*f*） 筋条，加强条［肋，杆］，加劲条［杆］，肋，肋条，肋板；（钻头的）导刀
~ verticale 垂直肋，垂直肋板

nettoyage（*m*） 清理，清洗，洗净；扫除，清扫；净化

nettoyer（*vt*） 清洗，洗净［刷］，擦净［去］；扫除，清除（干净），清扫（干净），清理；净化

neutralisant（*m*） 中和剂，中和液

neutre （*a*)中性的，中和的；不带电的，未充电的 （*m*)中性；中性［和］线，中线；中性［和］物；（星形）零点，中性［和］点
~s 中性接线排中心线，中心点轴线

nez（*m*）de centrage 中心定位头，中心定位块

niche（*f*） 沟渠；基坑；焊接坑；窝；（管道的）喇叭口；避人洞

nickel（*m*） 镍(Ni)

niveau（*m*） 水平；水平线［面］，基准面；表［顶］面；承压面；水位；水平度；（酒精)水平尺；高程，标高；位置；水准，标准；水平气泡；补平；油位计；油位开关；电平，程度；级，等级，能［位］级；水平［准］仪，仪器

~ bas 低位，低水平；低水位；低电平

~ carré 方形水平仪［尺］，矩形酒精水平仪

~ CAYERE 卡耶尔水平尺

~ contact 油位触点，油位开关

~ ~ "Desgranges et Huot" "D. H.（德格朗热于奥）"油位开关，"D. H."油位触点

~ à eau 水平尺；水准仪

~ de la face supérieure 转子轮辐［毂］上法兰的水平度

~ haut 高位

~ d'huil 滑油［油位］指示器，油位计；滑油液面，油位

~ ~ à l'arrêt 机组静止时油位

~ ~ ~ contacts "Corset" 带触点的（"科尔塞"）油位计

~ (~)"PALES OUVERTES" "轮叶［叶片］开启"油位

~ (~)remplissage "PALES FERMEES" "轮叶［叶片］关闭"充油油位

~ du moyeu 中心体的水平度

~ normal 正常油位；正常水位，正常高水位，正常壅水位；正常能级

~ ~ d'huile 油面［位］

~ optique　水平仪,光学水准仪

~ des pièces　部件的找平

~ de précision　精密水平仪[尺],精密水准仪

~ ~ résine　树脂液面

~ visible　玻璃液面指示管,可视液面指示器,玻璃液位指示器,玻璃液位计,玻管液位计;可见水准仪;油位观测;观测窗

à ce ~　在这位置上

~x contacts　油位触点

niveler（*vt*）　测[校,找,弄,整]平,使平坦;测水准,(进行)水准测量;定坡度

nivellement（*m*）　测[抄,整,弄,调,找]平,找[校]水平,使平坦;水平度;水准测量,水平仪测量,高程测量

nœud（*m*）　结;扣;绳扣;部件,组(合)件;接头;接点,结点;焊交点,交点;节点;节(木料的);波节,波点

noircissement（*m*）　弄黑,发黑,变黑,涂黑;变暗;黑化;黑度

nombre（*m*）　数(目);数字,数值;数量;次数;号码,编号;序数

~ de couches de ruban　绝缘带(包扎,叠绕)层数

~ ~ ~ ~ ~ à poser　绝缘带需要包扎的层数

~ ~ divisions　刻度数

~ d'épaisseurs　层数

~ de lectures　读数[出]次数

~ ~ spires　匝数,圈数,绕组数目

~ ~ ~ par section　绕组断面中的匝数

nomenclature（*f*）　目录,(项目)名称,品名表,一览表;名单,统计表,材料表,零部件表;科学、技术、艺术等专门词类系统和合理的分类法;命名法,命名原则

Nomex〈英〉（*n*）　诺梅克斯(芳香聚酰胺纸的商标名)

normale（*f*）　正常;标准;法线;正交;正常值

normalisation（*f*）　标准(化),规格化,正常化;(热处理或焊接)正火

norme（*f*）　标准,规格[则,程,范],条例,准则;定额;正常值;指标

nota〈拉〉（*m*）　注(释,解),附注;注意(事项)

nota bene〈拉〉（*loc.*）　注意,请注意,留心

notation（*f*）　标记,符[记]号;注释;标记法,符号(表示)法;记数法;计算制;轮廓;略图

note（*f*）importante　重要附注

notes（*f. pl*）complémentaires　补(充的附)注

noter（*vt*）　标记[注,出]记入,记[写]下,记录[载];注意(到);评分

notice（*f*）　说明(书);概述,简介;规范;注意(事项);通知(书);通告,布告,告示;手册;札记,笔记;短评

~ descriptive　说明书,个别项目的技术说明

~ détaillée　详述

~ explicative　有关说明

~ générale　安装说明书,本说明书

~ de montage　安装说明书,装配说明书

～ ～ peinture　油漆工作说明

～ ～ régulation　调速器的说明书

à nouveau (*loc. adv*)　重新(地)，又一次(地)，再一次(地)

nouveauté (*f*)　新货，新流行的货品，新产品；新颖；新型；新奇

noyau (*m*)　核(心)；中心；心材；铁芯；心轴；转轮中心体；心墙；密实黏土坝基

　　～ inducteur　磁极(铁芯)，感应器的铁芯

　　～ polaire　磁极(铁芯)，感应器的铁芯，极身

noyer (*vt*)　浸入[湿]；淹[沉]没，浸没；埋藏，埋入[置]，嵌[插]入，放进；搀大量

水(稀释，搅和)，搀水稀释；使消灭[失]

numéro (*m*)　编号，号码，序数[号]，号(数)，数码

　　～ de code　编号

　　～ d'encoche　线槽编号

　　～ d'ordre　编号，顺序号，序数

numérotage (*m*) des lecteures　读数编号

numérotation (*f*)　编[标]号码；号码，编号，标号；拨号(码)

numéroter (*vt*)　把…编号，予以编号，编号(码)

nylon (*m*)　尼龙，耐纶，聚酰胺纤维，锦纶

objet (*m*)　物(体，件，品，象)，制品，工作物；部件；对象，目标[的]；任务；科[项]目；实物；货物；商品

　　～ de décharges partilles notables　显著的局部放电现象

　　～ métallique　金属工具

　　～s soudés　焊件，焊制品

obligatoirement (*adv*)　硬性规定，强制地，强迫地，必须；必然，不可避免地，注定

obliger (*vt*) qn à[de]f. qch　迫使[强迫]某人做某事

observer (*vt*)　注视[意]，观[考]察，观[探]测，采取；遵守，维[保]持；保存，保管

obtenir (*vt*)　取[获]得，得到；产生，形成；检查一下

obturateur (*m*)　活门，阀，闸门，节流门，

分气阀；密封[闭]件，堵头，塞子，紧塞器，封闭器；盖(子)；螺盖，接线孔盖；密封垫；断电器，断路器

　　～ de passage des câbles　接线孔盖

obturation (*f*)　堵塞，充填，关[封]闭；节流；中断

obturer (*vt*)　充填，填充，塞住，堵塞，闭塞，注满；封闭[堵，好，贴]，密封，关闭；盖住，遮住，遮盖好，涂以；中断；节流；隔离，绝缘

occasionner (*vt*)　惹[激，引]起，挑动；使发生，使…遭受，造成

offrir (*vt*)　提供，供给

ohm (*m*)　欧(姆)(电阻单位，Ω)

ohmmètre (*m*)　欧姆表，电阻表

oléopneumatique (*a*)　空气滑油的，油气

的,油传动的

olive（*f*）内接头,丝对(管子的),球状管
接头;气门嘴;捏手按钮开关

omettre（*vt*）忽略,轻视;遗漏,疏忽,忘
记;省略

onde（*f*）波,线圈波;电［声,光,磁］波
～ de choc 冲击波,激波

onduler（*vt*）使波动,使起伏,使成波浪
形（*vi*）波动,起伏,摆动,不平;轧［滚,
弯］波纹;呈波浪形,波涛起伏

onduleur（*m*）逆变器,反向变流机,反用
变流器,反向变换机(由直流变交流),
振动变流器,换流器,反用换流器,直交
(直流变交流)换流器,静止换流器(从
直流变交流);频发生器
～ d'alimentation 励磁反用变流器,励
磁逆变器

opérateur（*m*）操作手［人员］,计算员,
测量员,工作人员,值班员(电厂的);计
［运］算装置

opération（*f*）实验,试验;操［动,工］作;
演［运,计］算;方法;工序,(操作)程序;
处理;就位;作业;运行［转,用］;手续;
实施;管理;过程;测量
～ suivante 下道工序
～s ～s 以下工作

opercule（*m*）provisoire de caoutchouc
临时的橡胶板

opérer（*vt*）进行,实行,实施,施行;演
算;引起,造成,使产生;旋紧方法（*vi*）
影响,起作用,动作,行动;～de 操作,
安装

opposer（*vt*）反对,使对立［相对］;使对

比［照］,相比较;相对位置

orange（*m*）橙色,橘黄色

ordre（*m*）指［命］令,信号;序,顺［程,
次］序;系［列］,族;等级,种类,类别;
级,阶,次;排行;一系列,许多;放电
～ d'allumage à plein 点火次序,燃烧
室起动程序,灯光发亮指示
～ de désexcitation （正常)灭磁指令
～ extérieur 外部指令,控制信号
～ de surexcitation 过励指令
～s ～±excitation 正负励磁指令

oreille（*f*）固定耳,凸［吊］耳,吊环;压
板(在测圆架上)
～ de levage （起重)吊环,吊耳,吊柄
～ ～ ［pour］manutention 吊耳,吊环
～ ～ réglage 调正耳柄

organe（*m*）机械,机构,装置;部件,元
件;工具,手段;机关
～ ci-dessus 上述部件

organiser（*vt*）组织,构［编,组］成,建立,
成立;创设［立,办］,设立,举行;装备,
装置,设备;整顿,安排,筹备［划］,料
理,把…安排好,安置;帮助

orientation（*f*）瞄准,对准;方向［位］;定
向［位］,取向;原来位置,顺风位置;吃
风方向;方位标
～ des pièces 部件的定向

orienter（*vt*）（定)方向,定（方)位,定向,
取向;对准…方向,控制…方向,调整…
方向;位置放准,对准位置;调整;定位
方向

orifice（*m*）孔,口,孔口;进口,入口;口
径;喷嘴,喷管

～ supérieur　上口

oscillogramme（*m*）　波形图,示波图,振动图

oscilloscope（*m*）　示波器[管],示波仪,录波器,显[指]示器

　～ cathodique　阴极射线示波器[仪],阴极射线管

ossature（*f*）　框,架,框架,构架,底[车,骨]架

oubli（*m*）　遗忘,疏忽,遗[疏]漏；不计较,不介意

outillage（*m*）　工具,用具,成套工具,工夹具,工具夹,工艺装备；设备,装置,仪器

　～ de démontage　拆卸工具,安装工具

　～ ～ montage　安装需用工具

　～ spécial　特殊工具

　～ utilisé　（成套)需用工具

en outre（*loc. adv*）　此外,再说,并且,加之,而且,还

ouverture（*f*）　孔（口）,进人孔,口,开[缺,管]口,通风道出口；口径,孔径；空缺处,凹处,空隙,间隙,缝隙；开度；断开,断路；开启,开放,打开,拆开,卸开

　～ d'air chaud　热风口

　～ pales　轮叶[叶片]开启

　～ prévue　专设孔口

　dans socle une ～　底部孔口

ouvrir（*vt*）　开,打[解,分,裂]开,开放[启]；断开,断路

ovale（*m*）　椭圆形,椭圆体

ovalisation（*f*）　椭圆化,变椭圆（形)；偏心率[度,距]；椭圆度

　～ pratiquée　（成,开)椭圆孔

ovaliser（*vt*）　形成椭圆,使成椭圆形,使椭圆化

oxycoupage（*m*）　氧气切割,气割(法)

　～ soigné　气割整齐

oxycouper（*vt*）　进行氧气切割

oxycoupé（*p. p.*）　气割

oxyde（*m*）　氧化物

　～ de fer　氧化铁

P

paire（*f*）　一对,一双,一副,偶

　3 ～s　3 对

palan（*f*）　滑轮组,链条葫芦组,葫芦,复滑车,起重滑车,起重设备；滑轨小车

　4 ～s de 2tonnes　4 台 2 吨葫芦

pale（*f*）　叶片,桨叶,轮叶,叶轮,导叶板；闸门,闸板,阀,活（动)门；(变阻器,可变电阻)滑动触头

　～ de roue　轮叶（转轮的叶片)

palemer（*m*）　千分尺,卡钳,外卡规,微规,测微计

　～ d'outillage　量具卡钳

palette（*f*）　叶片,(小)桨叶,轮叶；板,板状物

palier（*m*）　(导)轴承；轴座；程度,级

　～ inférieur　下导轴承

~ supérieur   上导轴承

~ turbine   水轮机导轴承

palonnier(palonneau) (*m*)   脚蹬(操纵器),踏[蹬]板;脚操纵(杆);横梁,起重梁,启门梁,挂梁,平衡杆,摇臂杆,起吊杆

pan (*m*)   顶面,(多面体的)面,墙面;边;侧;骨架

panneau (*m*)   板,盖板,护板,面板,配电板;盘,配电盘

~ de fermeture   盖板

~ ~ freinage   制动操作盘

~ ~ groupe   机旁盘

~ vitré   玻璃盖板

~x grillages   格栅状护板

~x vitrés   透明板

papier (*m*)   纸(张);证件;票据,证券;文件,证件;记录纸

~ bakélisé   电木纸,胶木纸;酚醛塑胶纸;绝缘浸渍纸

~ chamois   麂皮纸

~ collant   胶带,胶纸(带)

~ crêpe   皱纸,皱纹纸(包装用)

~ graphité   石墨纸

~ millimétré   坐标纸,方格绘图纸,方格纸,毫米方格纸

~ "thermo-paper"   〈英〉示温纸

~ traité   特制纸

paquet (*m*)   包,束,捆,叠;段;钢[叠]片;叠片环

~ de tôle   叠片

~ ~ ~s   叠板,叠轧板材,轧板;变压器冲压片;定子包

dernier ~   最后一段堆积[叠装]

~s suivants   随后一段堆积[叠装]

paragraphe (*m*)   段(落),节,条(款);项

paralèlle (*a*)   并行的,平行的,并联的;同时的;相似的,类似的   (*f*)平行线;并联   (*m*)纬线;对照,对比,比较,比拟

parallélisme (*m*)   平行,平行度[性,现象];类似,相似

parasite (*m*)   寄生干扰,寄生信号;干扰,扰动;噪扰;杂波;天源元件(偶极天线的)

~s   扰动,干扰;噪扰;(干扰)噪声,杂波;寄生振荡

parenthèse (*f*)   (小)括号,圆括号,括弧

parfaire (*vt*)   完成,调整好

parfaitement (*adv*)   完全地,十分地,非常地;圆满地,完美地,极好地,无懈可击地;当然,肯定地,正确地

paroi (*f*)   墙,壁;板;墙面,表面一层;外皮,外壳

de part et autre (*loc. adv*)   (在)两方面;(在)两边,(在)两侧,各边;从双方,彼此;两岸地

particule (*f*)   小部分;微粒,(颗)粒;粒子,质点,质点粒子,质粒

~ de cuivre   铜质微粒

~ ~ soudure   焊接的金属屑

partie (*f*)   部分;本分;成分;份,块,瓣(体);零[部,配]件;专业,工种;区域;(有关)方面;部位;组,批,段

~ active   放射性部分,活性部分;接触部分,工作部分,作用区;带电部分

~ alésage   内圆部分,内径部分;铁芯内圆

~ basse   下部,底部

~ centrale 中部,中心部位;中心体;中间环[孔]

~ ~ du corps de moyeu 转轮中心体

~ droite (线棒)直线部分,直线段

~ empilée 堆叠部件

~ engagée 打入长度

~ extérieure 外壁;外部;外环

~ filetée φ450 φ450 有螺纹的部位

~ fixe 固定部分,不可拆卸的部分;固定零件

~ ~ des étais 拉紧装置固定部分

~ hachurée à cementer 影线部分渗碳

~ inférieure 下部(分),下段,底部;下部表面下底板,下(圆)盘;下部接头

~ à isoler 绝缘部位

~ lisse 光滑[光面,抛光]部分;(螺栓的)无螺纹部分

~ mâle 凸出部

~ médiane 中圆盘

~ mobile pivot 推力轴承的旋转部分

~ moulée 模制件

~ 1er plan 第一层线棒部分

~ rectifiée 精加工部位

~ scellée du flasque supérieur 外顶盖,顶盖

~ scellement 锚定部分

~ supérieure 顶部,上端(部),上部(分),上口,上段;上圆盘;上部接头;上侧,外面

~ ~ de chacun des flancs 两侧的上部

~ tournante 旋转[转动]部分,回转部分

~ usinée 加工(表)面,加工部位,加工部分,加工部件

1 ~ pondérable de 15,103A(résine) 以重量计为 1 份的 15.103A(树脂)

~s brasées 铜焊部位

~s les plus excentrées 偏心最大部位

les demi-~s de la boîte à huile inférieure 2 瓣油槽底板

mesurée sur les 3 ~s de bras situées symétriquement sur les joints radiaux 在与外环径向接缝对称的 3 对幅臂上测量

toutes les ~s usinées 所有[各个]加工部位

3 ~s (couronnes) extérieures 3 块外环

partir (*vi*) à 以…为出发点

~ de 从…开始[出发],来自…

pas (*m*) 距,间距;螺距,节距;螺纹;桨距;铆距;步,级,阶,段

~ de calcul 计算时距

~ à gauche 左(旋)螺纹,反牙螺纹

~ de pèlerin 倒[反]向螺距;逐段退步法,逐段焊接法

~ semi-trapézoïdal 锯齿形螺纹

passage (*m*) 通道,穿[通,经]过;引线,导线;管线,管路;流经(电流、水流、中子流等);操作,运行,运转,传送;处理;过渡(状态)

~ des câbles(électriques) 接线

~ en pression 压力试验,液压试验

passe (*f*) 道,焊道,焊蚕;道次(轧制次数)

~ suivante 下一道焊蚕

chaque ~ d'électrode 每根电焊条

passer (*vt*)越[经,通,驶,穿,走,渡]过;横穿;让…通过;插[放,穿]入,套;修

磨;涂,抹 (vi)通过,经过;消失,减

~ au pinceau, sur les dents des tôles, le vernis 18-508 在叠片齿部用刷子涂上 18-508 清漆

~ le taraud 攻丝,用螺丝攻回过

passerelle (f) 走道板;引桥,天桥;人行桥,步行桥;工作桥

passivation (f) 钝化(使金属表面生成氧化物薄层),钝化作用,形成保护膜

pâte (f) 糊(剂),膏,浆

~ à joint 防裂剂,封闭油膏,(接口)密封剂,封口膏

~ ~ ~ Permatex 珀默泰克斯密封膏

~ ~ ~ ~ Form A Gasket N° 2 2号 A型密封垫[片,板]用的珀默泰克斯密封膏

patin (m) 滑块,滑板;推力瓦

~ fixe 固定推力瓦

~ respectif 各个推力瓦

patte (f) 支脚[架];爪;夹子,固定夹

~ à scellement 地脚,锚筋(板),铁角

pédale (f) (脚)踏板,脚蹬[板],脚踏开关,(脚)踏杆

~ commandant 脚踏操纵,控制开关

~ de commande 连接推杆;操纵[控制]踏板,脚踏控制杆

peigne (m) 梳(子),梳状物,压指;梳形端子板,电缆端子板,电缆接线板;分开电缆线端

~ de serrage 齿压板

peindre (vt) 涂(油漆等);(上)漆,喷漆;粉刷

peinture (f) 油漆,涂料;涂漆,刷漆工作

~ anti-effluves 防(电)晕漆(R4漆)

~ ~ au carbure de silicium 含碳化硅的防(电)晕漆

~ à conductibilité élevée au graphite 高导电率的石墨漆

~ conductrice 导体[电]漆,导电涂料

~ ~ de finition 面层导体漆

~ recouvrant 封漆

~ résistante 防电晕漆

~ ~ de finition 面层(防电晕)漆

~ semi-conductrice 半导体漆

~ des soudures 焊缝补漆

pendant (prép) 30 minutes 持续 30 分钟

pénétration (f) 焊透;透穿度[率],透入度,针入度;穿(渗)透,浸透[渍,润];进入,深入;导磁率

pénétrer (vi) 透(通,穿)过,钻[进,嵌,插,掉,深,贯]入,贯穿;穿(渗)透,浸透

pente (f) 8mm par m 坡度:8/1000

penture (f) 铰链,合页(的阴页)

~ à charnière 铰链,合页(的阴页)

perçage (m) 钻,钻[镗,冲,穿]孔,打眼,钻眼

percer (vt) 钻[凿,穿,冲,扩]孔,钻出…孔眼;击穿,打穿;钻,凿

perceuse (f) 钻床;摇钻,钻具,钻头,钻孔机

~ pneumatique 风钻

perche (f) 杆,柱,棒;测杆,标杆

~ de mise à la terre 接地棒[杆]

~ ~ terre 接地极

~ ~ ~ à poignée isolante 带绝缘手柄的接地极

perforation（*f*） 孔（眼），眼，打眼；打
［穿，钻，凿，冲，刺］孔；打穿，击穿

performance（*f*） 性能；结果，成绩，效
果；规格；资料，数据
～s 性能（曲线）；工作特性（曲线）；试
验结果

périmètre（*m*） 周，周围［长，边］，圆周，
圆周面；地区，区域
grand ～ 整个周长

période（*f*） 周期；时期；阶段，期间；时间
间隔；循环
longue ～ de service 长期使用

Permatex〈英〉（*n*） 珀默泰克斯密封膏

permettre（*vt*） 许可，容［允，准］许；主张，
认为；让，须先，以便；使有可能，使能够

perpendiculaire（*a*）竖的，垂直的，成直
角的，铅垂的，正交的 （*f*）垂（直）线，
铅垂线，法线
～ à 与…垂直的，与…成直角的
leur axe ～ ～ la face usinée des plaques
d'assises 其中心线垂直于基础板
的加工面

perpendicularité（*f*） 垂直，正［直］交；垂
直度

personnel（*m*） （全体）人［职］员，职工，
工作人员
～ de l'entrepise de génie civil 土木工
程师
～ ～ montage 安装队伍

perte（*f*）diélectrique 介损，介质［电］损
失，（电）介质损耗

pertes（*f. pl*）diélectriques 介质损失，
（电）介质损耗

pesée（*f*） 称重，称量；过秤，过磅；一次
称的量

peser（*vt*） 称重，称量，过秤；有重量，重

pétrole（*m*） 原油，石油；煤油，火油

phase（*f*） 相，相位；（多相电机的）相绕
组；相线，火线；阶段，时期；工序；程度
～ par phase 分相
～ 1 第一相
～s 相线接线排中心线，相线轴线
chaque ～ de bétonnage 每期混凝土浇筑

phénomène（*m*）transitoire 瞬变现象，瞬
态，瞬变过程；过渡现象

phosphatation（*f*） （用）磷酸（盐）处理，
磷酸盐化

phosphore（*m*） 磷（P）

photographie（*f*） 摄影（法，术），照相；照
片，相片

pièce（*f*） 部［配，机，零，制，工］件，瓣
体；段，片，块，件，个；部分
～ d'accrochage 连接板，支承件
～ de calage 连接梁，加强块
～ centrale 中心体
～ étanche 密封部件
～ fixe 固定部分，固定件，固定零件
～ dans le groupe 整个部件
～ isolée 绝缘部件
～ mécanique 机械部件
～ à mesurer 被测件
～ métallique 金属部件，金属（零）件
～ ～ à la masse 金属接地部件
～ ～ nue 裸露的金属部件
～ non isolée sous tension 无绝缘的带
电部件

~ par pièce 逐件

~ de raccordement 连接件[块];导管接头,管接头,(支持环)接头

~ repère E 件号 E

~ scellée 预埋件,埋设件

~ de scellement 预埋件,锚定部分

~ usinée 加工部位

~ d'usure 磨耗件,抗磨板,易损件

~s diverses 各种部件

~s de grande dimension 大的部件

~s isolées 有绝缘层的部件,绝缘线棒

~s ~ et masse 有绝缘层的对地部件

~s à la masse indémontables 电机接地部件

~s ~ ~ ~ isolée 有绝缘层的接地部件

~s métalliques nues 金属裸露部件

~s nues sous tension et masse 对地带电裸露部件

~s sous tension isolées 绝缘的带电部件,有绝缘层的带电部件

diverses ~s à utiliser 各个部件的使用

pied (*m*) 脚,支脚[腿],柱;支座[架],底座,基座[部],基础;英尺(1 英尺 = 80.3048 米)

~ magnétique 磁性支架

pierre (*f*) 石,磨石

~ à huile 油石

~ ~ très fine (质地)非常精细的油石

pige (*f*) 基准尺寸;量杆,(测量)标尺,测深尺;规,量隙规,测规,测刃线

~ à bille 球端的测杆

pile (*f*) 电池(组),干电池

~ de 4,5 volts 4.5 伏电池

pilier (*m*) 柱,支[管]柱;墩;桩

~ support 支柱

pilotage (*m*) 操纵,控制,引导,驾驶,由操作站驱动;打桩(工程);流向控制

piloter (*vt*) 驾驶,操纵,控制,引导;打桩;放在

pince (*f*) 夹钳,虎钳,钳子;压板(输电线的);起钉棒,铁撬棒

~ de brasage 铜焊钳

~ à [de] braser (钎)焊钳,铜焊钳

~ circlips 卡簧夹钳

~ "SERMAX" 塞马克斯夹钳

pinceau (*m*) 刷子,电刷

pion (*m*) 销子,销钉,锁定销,定位销

~ d'arrêt 定位销钉,锁定销

~ de centrage (中心)定位[心]销,中心销

~ d'usinage 加工用销

piquage (*m*) 麻点,气孔,砂眼;喷管[嘴];(分)接头;支管

~ d'alimentation 进水叉管

~ à braser 铜焊接头

piste (*f*) 轨迹;周边;小道,便道,道

~ de centrage 定心圆周,(定中心用)基准圆周

pistolet (*m*) 喷枪;铆枪,焊枪;油枪;曲线板

~ spécial 特制喷枪

piston (*m*) 活塞

~ de commande 接力器活塞,控制[传动]机构活塞,操纵活塞

~ ~ servo-moteur 接力器活塞

piton (*m*) à œil 吊环螺丝,吊环螺栓

pivot (*m*) （旋转）轴,推力轴承;油槽盖

~ auto-compensé 自动补偿推力轴承

~s de manutention 起吊用连接板和
销杆

pivoterie (*f*) 推力轴承支座;转动零件

en place (*loc. adv*) 在合适的位置上;插
有;组装;就位,放好;就地,在原处[位]
(*loc. adj*) 得当的,准备好的;未扰动的
(岩石等);原岩的

sur place (*loc. adv*) （在）原地,就地,在
场,(在)现场,当场,立即

placer (*vt*) 安放[置],配置在,位于,就
位,安装,装好[上],插入[在];安排,分
配;连接;投放(资金),投资

plafond (*m*) （平）顶,天花板;最高点
[额],最大值;最大速度

~ de la roue 转轮上冠

plage (*f*) 区域,范围,领域;装配间,装
配场地;波段;母线;频率

~ de montage 装配间[场],安装平台

~ ~ idéale 理想的装配间

~ ~ réglage 调整范围,控制区(域)

~ rotor 转子装配间

sur (la) ~ 在装配场[间]

plan (*m*) 计划,规划,草案;(视,平面)
图,设计图(案),图样[纸];平面,支承
面,平面度;平整;层

~ (d')entrefer 上层线棒;上层

~ de fondation 基础面;基础平面图

deuxième [2ᵉᵐᵉ, 2°] ~ (= coté entrefer
气隙侧) 上层线棒,第二层线棒

premier [1ᵉʳ, 1°] ~ (= fond d'encohes
定子线槽底部) 下层线棒,第一层
线棒

~s 上下层,上下层线棒

entre ~s de barres 线棒层间

plancher (*m*) 地板,地面;盖板,顶盖;
台,平台(板)

~ de démontage 拆卸平台

~ inférieur 下盖板,下部平台

~ provisoire assez rigide 足够牢固的
临时平台

~ supérieur 上盖板,上顶盖,上部平台

~ support de coussinet 轴承拆卸平台

planéité (*f*) 平面度,不正度,水平度
[性],平直度,(路面)平整度,平滑度

~ circulaire 圆周水平度,平面度

planer (*vt*) 刨[磨]平,整平,平整,校平;
校直

planter (*vt*) 插[栽]上;安置[放,装],装
(上),竖(立);插(进),伸入,旋进,紧
固;创立,建设,设置,设立,布置

plaque (*f*) 板,垫[衬,铁,压,盖,封,座,
极,薄]板,压盖,锁定板,挡板,隔板,
(油泵)支承板;接线板;盘,片,垫片,垫
圈,方垫圈[板]

~ d'alimentation 供油环,导轴承体供
油环

~ d'ancrage 锚板,锚定板,系定板;支
承板,基础板

~ ~ inférieure 下系定板

~ ~ supérieure 上系定板

~ d'appui 支承板,底板,垫板,靠板,
座板,轴承托板

~ d'assemblage　合缝板

~ d'assise　基（础）板,支承板,底[座,垫]板;锚定板

~ ~ carcasse　定子基础板

~ de base　座板,底板,基（础）板;底座;下盖板;安装板,电路安装板,样板;油路板

~ à bornes　端子板,端钮板,接线板

~ de butée　握线板;止推[限位]板,推力板,推力垫圈

~ ~ calage　垫板

~ ~ carton d'amiante　石棉层压板

~ ~ cuivre　铜块

~ écrou　螺孔板

~ épaisse　厚板

~ ~ rectifiée　精加工的厚板

~ ~ usinée trés fin　精加工的厚板

~ d'extrémité　盖板,压板;伴流板

~ de fermeture　（孔口）封板,闭合底板;盖板,端板,固定[止动]板

~ ferodo　菲罗多石棉耐磨板

~ de frein　止动片;制动盘,刹车盘

~ indicatrice　指示板,指示牌

~ isolante　绝缘体,绝缘（垫）板,绝缘垫圈（衬垫）;隔[绝]热板,隔[绝]热屏;电介板

~ de liaison　垫块,连接板

~ d'obturation　封盖,封板,封孔板[盖];连接片

~ parfaitement plane sur une face　单面平整的平板

~ ~ usinée ~ ~ ~　单面精加工板

~ polaire　磁极片,极板

~ de raccordement　接线板,连接板

~ ~ scellement électro pompe　电动泵基础板

~ ~ serrage　压[夹]板;端（子）板;止动板,锁板

~ ~ ~ inférieure　下端压板

~ ~ ~ jante bas　轮缘的下压板,磁轭下压板

~ ~ ~ ~ haut　轮缘的上压板,磁轭上压板

~（~）~ supérieure　上部压板

~ pour serrage intermédiaire　预压紧用压板

~ signalétique　铭牌

~ (de) support　座圈;支撑板,底板

~（~）~ d'anneau　支持环撑板

~（~）~ de règle graduée　支持标尺的板

~ tubulaire　管板,管端板;挡油圈

~s d'assises　基础板

~s d'extrémités de jante　轮缘[磁轭]端板

~s de vidange des cylindres　油缸排油塞的盖板

plaquer（*vt*）　罩[盖]上;粘上,涂(上),镀（上）,包覆[镀];镶贴[饰],贴面;贴,平贴,贴[粘]平,妥贴,贴紧,紧贴,粘牢放平

~ qch contre qch　使…紧靠…,使…抵住…

plaquette（*f*）　（小）板,挡[封]板,止动[锁定]板;标牌,牌子;片,垫[薄]片;扁铁

~ d'arrêt　止动片[板],锁片,锁定板,

挡板

~ ~ du roulement　轴承压板

~ d'assise　支承板

~ frien　锁定板

~ soudée　焊(上)锁定板

~s d'assise　基础板

plastique（*m*）　塑料(纸,布)

plastron（*m*）　盘面；插件挡板,挡风板

~ de freinage　制动操作盘,制动电磁
阀面板

plat（*m*）　水平,平面；平台；板,(扁铁)锁
定板；制动[刹车]块；扁钢[材]

~ d'arrêt　锁定板,制动锁片

laminé ~　扁钢(带),扁铁,角铁；锁
定板

plateau（*m*）　盘,托盘,底托,盘形件；平
面卡盘；平面,接合表面,法兰表面,法
兰接触面,轮叶法兰；板(材,料),平板；
桌,台,平台；台架,座

~ d'accouplement　(连接)法兰,法兰
(接合)面,接合处；离合器盘

~ ~ inférieur　下法兰,下端法兰

~ ~ supérieur　上法兰(接合面),上
端法兰

~ du collecteur　集电环

~ côté　侧法兰

~ de niveau　平板

~ ~ pale　轮叶法兰

~ ~ serrage　压头；压板,夹板(砂轮
的),侧板

~ supérieur　上端法兰,顶板

~x amortisseurs　阻尼板

~x de serrage　齿压板

plate-forme（*f*）　台,平台,工作台；路基[床]

~ rudimentaire　基础平台

platine（*f*）　板,侧板；仪表板；表计盘,
(控制)盘　（*m*）铂(Pt),白金

~ MI　电流表计(MI)盘,表计屏

plein（*m*）d'huile　充油,充满油液

plexiglas（*m*）　有机玻璃,普列玻璃

pli（*m*）　折叠,折皱[痕,纹],皱纹,褶皱【地】

~ pronocé　明显的折皱

plier（*vt*）　折,折叠,使弯曲,弯折

plomb（*m*）maté　封铅

plonger（*vt*）　浸入,浸在；浸涂,浸泡；沉
水中,钻入水中,潜水；插入[进],伸入
[进],投入

plot（*m*）　接(触)点,(接)触片,接点片；
接线柱,端子；(开关的)接触柱；块,浇
筑块；部分

~ de raccordement　连接端子,接线柱,接
头,接线端子(板)；接合销,开槽销

poche（*f*）d'air　空气隙,气穴,气泡,气
囊；空气塞；空气收集器

poids（*m*）　重量,载重,重力；权,权重

~ propre　净重,自重,实际重量,实际
压重

~ de la roue sans huile　转轮重量(不
装油)

~ total　总重

~ unitaire　单位(体积)重量,单重

poignée（*f*）　手柄,手把；拉环,按钮

~ escamotable　可拆卸的手柄

~ isolante　绝缘手柄

point（*m*）　点,基准点；部位；焊蚕

~ d'appui　(力的)支点,受力点,支撑

[承]点;控制点,基点,测点;据点;旋转中心点

~ central 中点,中心点;辐射中心点;主位置

~ de centre 中心点

~ chaud 局部过热现象,热点,过热点,过热部位

~ de contact 接[触]点,接触点;切点

~ ~ départ 起[开]始点,起点,始点,出发(地)点

~ ~ fonctionnement 工作点

~ ~ ~ nominal 额定运行条件

~ haut 顶部

~ de hauteur 基准点

~ ~ ~ de référence 高度的基准点

~ ~ référence 支点,基(准)点,控制点,参考点,水准点

~ ~ repère 基准点,水准点;方位点[标];控制点

~ ~ soudure 点焊,间断焊;焊(接)点

~ ~ ~ à l'arc (电弧)点焊

2ème[deuxième] ~ de visée 后视点

~s d'agrafe 点焊,初步间断焊接的焊蚤

~s d'appui des charges 重量的受力点

2 ~s extrêmes 两端点

6 ~s de 50 à 60mm de longeur 6条50 ~ 60毫米长的焊蚤

pointage (m) (临时)点焊,平头焊接,点焊记数;定位铆;压板,夹子,卡具;卡钻;打[作]标记,作[标]记号;瞄准;引导;定向;冲中心孔

~ intermédiaire 第一次点焊

pointe (f) 尖(端),端,头;顶,顶点[部],峰(顶);峰值,尖值,巅值;最大[高]值,极大值;刀[刃]口,刀具切削刃;切割

~ de roue 泄水锥

~s de température supportée 可承受的温度峰值

pointeau (m) de vidange 排油用针阀

pointer (vt) 瞄[对]准,点焊(定位),点牢;调整;导向,引导,取向,定向,指出方向;戳,刺;冲中心孔

polarisation (f) 偏振,偏光;偏压;偏移,位移(量),移动;极化(作用,强度),两极分化;配极变换

~ marche à vide 空负荷[空载]运行偏振

polarité (f) 极性,极配,配极;极数(电机的),磁极数;极化性能(电介质的);偏光性;二极性

pôle (m) 极(点);磁极(软接头);(开关,断路器的)主触头,(开关)主触点,主接点;出线端

~ d'alimentatoin 电源端子

~s électriques 电气线端,接线端子(电机的)

~s ~ d'une machine 电机的电气线端

poli (m) 抛光,磨光,研磨,磨平

polychlorure (m) de vinyle 聚氯乙烯

polyester (m) 聚酯,聚盐,聚醚

polyfilla (m) 聚酯填料,波利菲拉胶泥

polymérisation (f) 聚合,聚合[化]作用,聚合处理

polymériser (vt) 使聚合,起聚合作用

~ à chaud 加热聚合

polyvinyle (*m*)　聚乙烯(基,化合物)

pompe (*f*)　泵;油泵;水泵,唧筒,抽水机

　～ d'épreuve　油泵,试验用油泵,试(验)泵,测试泵

　～ d'exhaure　潜水泵,排(水,油,气)泵

　～ à huile　(滑)油泵

　～ d'huile　油泵

　～ à injection　喷射泵,(射,注)油泵,注入泵,注水泵,灌浆泵

　～ ～ ～ d'huile　操作油泵

pont (*m*)　桥;电桥;吊车,行车,起重机;行车吊钩

　～ de diodes　二极管(电)桥,二极管桥组合回路

　～ roulant　天车,行车,桥式起重机,桥式活动吊车,活动式高架起重机

　～ de thyristors　晶闸管[可控硅](电)桥

　～ de Weasthone　惠斯通电桥,单臂电桥,电阻电桥

　au ～ roulant, prendre la ceinture de roue　用行车吊运转轮室

porcelaine (*f*)　瓷,瓷器,瓷制品

　～ creuse　瓷管

portail (*m*)　正门,大门,高大的门;门窗;拱洞,隧道门

porte (*f*)　门,进人孔门,入口;门电路,门脉冲;闸门;控制极,门电极

　～ (à) joint　密封罩,(炭精密封)外壳;膨胀盘根外环,盘根压环

　～(～)～ gonflable　膨胀盘根外环;有充气封垫的门

　bornée ～　控制极

porte-balais (*m*)　刷握(器),刷把[柄],刷架,刷座

porte-charbon (*m*)　碳极夹,碳丝夹(弧光灯的),碳精夹;碳刷握,碳棒握,碳棒握持器;碳精块夹架,(电极的)碳极座,碳极固定板

portée (*f*)　支承面,接触(表)面;支承部分,支座,承座;轴颈[肩];盘根;保护区,(保护)范围;跨度[距,幅],间距;作用距离,传输距离,行程;荷载;荷载件

　～ nickelée　表面镀镍

　～ de palier　轴承支承面,轴承表面

porter (*vt*)　手持,负起,支撑;运输[送],引至,携带,带来,达到,产生;示于;保持;压在,装在,承受;担负;承担;朝向

　～ contre　顶靠在

pose (*f*)　装置,安装[设,置],落在;装备;敷设,布线(电缆);包上;设置[包扎]方法;(衬)垫,插入;砌(筑);涂

　～des écrans d'arrêt d'air, côté connexion et côté opposé　线棒上下端挡风屏[板]安装

　～ d'isolation　绝缘包扎

　～ des peintures conductrices de finition　涂面层导体漆

　～ du renfort d'isolation　包上增加的绝缘层

poser (*vt*)　安装在,安放,放(在),置,放置,就位,安装[设,置],插入,嵌在,落在,吊放;装置;包扎;提出;假定;进行,建立;敷设,布设(电缆);(铺)砌,砌筑;涂

position (*f*)　位置,定位,地点;状况[态];配置,分布;提出;假定,推测

~ de l'axe　中心线位置

~ ~ butée　相接触，接触状态；止动[挡止]位置

~ contacteur d'excitation　灭磁开关位置信号

~ définitive　最终位置

~ exacte　正确距离

~ fermeture　关闭位置，闭合位置

~ horizontale　水平位置；横焊位置

~ du lecteur　测读人员位置

~ numéro　位置编号

~ de repos　起始位置，开始状态；断电状态；稳定状态，静止状态，静止位置，定位，未扳动位置

~ respective　相应位置

~ traits mixtes　在点划线位置

~ ~ pleins　在实线位置

en ~ repos　静止（状态）时

positionnement (*m*)　布置，配置，安置，装设[置]；装好[定]，装配在，定位，就位，调整位置

positionner (*vt*)　定位，就位，调整位置，固定；安置，安装，安排，布置，装上，放好，放在

positive (*f*)　正值，正数，正号

posséder (*vt*)　具有[备]，备有，拥有，占有；熟悉，精通，掌握

poste (*m*)　站，厂房；装置，设备

~ à braser　铜焊机

~ de soudage　电焊机，焊接机，焊接设备，焊接机组；焊接站

~ ~ soudeur　焊接设备，焊接机，焊接机组

~ ~ soudure　电焊机，焊接设备，焊接机组

pot (*m*)　壶，罐，筒，钵，盆，瓶；容器；盒，箱，槽；外皮，罩，包套

~ inférieur　下部轴套

~ intermédiaire　活动导叶轴套，中间轴套

~ supérieur　上部轴套

~s de directrices　活动导叶轴套

potence (*f*)　悬架，挂架，(受力)托架，支架，丁形[字]支架，T形支架，直角形支架，十字形支架；悬梁；悬臂（式）起重机，悬臂吊车，起重吊杆

potentiel (*m*)　势，位；电势[位]；位[势，潜]能，潜力；可能度

potentiomètre (*m*)　电位器，电位(差)计，电势计；分压器

~ de téléindication　遥示电位计，远距离显示电位计

pouce (*m*)　英寸(1英寸＝25.4毫米)；法寸(法国旧长度单位，等于1/12法尺，约合27.07毫米)

poudre (*f*)　粉末，粉剂，灰尘，火药

~ d'amiante　石棉粉

poulie (*f*)　滑车，滑轮，皮带轮，绞索轮；导线导轮

pourcentage (*m*) de pente　坡度的百分比

pourtour (*m*)　周围；环行；外廓[形]

~ du joint　环缝

tout le ~　整个一圈

pousée (*f*)　力，浮力，升力，推[压，牵引]力；静(水)压力；推动

poutre (*f*)　梁，大梁，钢梁；桁架

~ support 底架;支架梁,托梁,端梁

poutrelle (*f*) 梁,小梁,工字(小)梁,横梁;工字钢

pratiquer (*vt*) 打穿,打开;执行,实现[施,行,践],从事,进行

préassembler (*vt*) 预(先)装配,局部[分部]装配,预装好

précaution (*f*) 预[提]防;(安全)措施;注意(事项),小心,当心,妥善;警戒;谨慎

préchauffage (*m*) 预热

~ local 局部预热

préciser (*vt*) 明确,确定,规定

précision (*f*) du niveau 仪器精密度

précité (*a*) 上述的,前述的

préconiser (*vt*) 主张,建议,(竭力)推荐;标榜;鼓吹

précontrainte (*f*) 预应力,预加应力(法),先张预应力,预紧力;预紧,紧固方法

~ résiduelle 剩余应力

~ ~ à obtenir 所需的剩余应力

préface (*f*) 序言,卷头语,绪言,导言,引言[语],前言,序,序文;绪论,概论

préférence (*f*) 宁肯,宁愿;偏爱,偏[爱]好;优先,优惠,特惠

préformer (*vt*) 预制,预塑;预先构成[形成]

première (*f*) 首先,第一

~s bobines 第一圈绕组

prendre (*vt*) 拿,取,量取,采取;抓,吊起;用,使用,应用,采用;选择,研究;当[看]作;起作用;做

~ en compte 计及,顾及;考虑(到),重视

préparation (*f*) 准[预]备,准备工作[阶段],材料准备;加工;预[初]加工,加工方法;整理;配合,调制;制造[备]

~ pour les opérations suivantes 为下道工序进行的准备工作

~ en fosse pour réception rotor 转子吊入机坑前的准备工作

préparer (*vt*) 准[预]备,供;调制,配合[制];处理;制造[备]

présceller (*vt*) 预浇在混凝土中

prescrire (*vt*) 规定,命令,要求

en présence de (*loc. prép*) 在…面前,当(着)…的面,有…在场(时);在有…的情况下,当存在…时;面对着…,面临…

~ ~ ~ pièces métalliques 接触金属部件

présentation (*f*) 表示,指示,显示,提出,指出;安装,装配,(初步)组装,试装,试安装(工作),预装,以备安装,暂时连接,装在,就位;实际情况;图[影]像;介绍,引见,推荐;阐述,表达;出现

présenter (*vt*) 表示[现],显示[出],表现出;有;取[提,交,接]出,给予,提交;试(安)装,进行试安装,(进行初步)组装,装上,装好,套在;调整;说明,阐明[述],表达;引见,推荐,介绍

presse (*f*) 压盖,卡圈;虎钳,夹钳;压力机,锻压机,压床,冲床

~ étoupe (电缆)密封盖,电缆引入线的弹性封口,电缆入口的弹性止水密封,带(有)弹性封口的电缆入口

~ joint （密封）卡圈,密封套圈,（密封)压板,膨胀盘根压环

~ ~ charbon 炭精密封卡圈

~ ~ gonflable 膨胀盘根压环

~ roulement 轴承盖

presse-étoupe（*m*） 密封盖[环,圈,垫,套,压盖];盘根盒,密封盒,封严帽[套],填料盒;填料函[压盖];油封[环],轴封,油封压套,阻油圈

presser（*vt*） 压,挤,挤压,冲压;压制;加速;促进

pression（*f*） 压力,压强;电压;压缩,挤压

~ amont 进气压力,入口压力

~ aval 出气压力,出口压力

~ compound 复合压力

~ de contact 接触压力;触点压力

~ d'eau 水压(力)

~ de l'eau admise éagle à la chute 假定相等于水头的水压力

~ d'essai 试验压力,试验油压

~ ~ des bâches 蜗壳试验压力

~ ~ moyeu et fond 轮毂和底部试验压力

~ d'épreuve du S. M.（servo-moteur) 接力器水压试验压力

~ de fonctionnement 工作[运行]压力

~ ~ [en] marche 操作压力,运转压力,工作压力,使[资]用压力

~ maxi de service 最高操作油压

~ de moulage 成型压力

~ négative 负压(力);负压强

~ nominale 标称压力,标定压力,额定压力

~ normale 额定压力,正压力,(正)常压(力)(760毫米汞柱压力);法向压力,垂直压力;正常压强,标准压强

~ ~ de service 正常操作油压

~ de normale 垂直压力;正常压力,公称压力

~ ~ ~ de fonctionnement 正常工作压力

~ ~ pistolage 喷枪压力

~ sur le pot 容器内压力

~ de régulation 调速系统的工作油压

~ ~ service 工作压力,工作油压,运行压力,使用(时的)压力,控制压力

~ statique 静压(力)

basse ~ 低压

haute ~ 高压

pressostat（*m*） 压力继电器,压力调节器,调压器,压力控制器,恒压器;压力开关

~ différentiel 差(动)压(力)开关;压差控制器,差动恒压器

~ freinage 制动压力继电器

présuinage（*m*） 预加工

prêt à（*loc. prép*） 已准备好的,准备好…的,做好…准备的,即可准备,准备,即将;齐备的,已完成的;有倾向的,有意向的,决定的

prêter（*vt*） 出借,借出,贷出[放,予];供给,给予,提供,把…归于;展开,摊开,伸开,伸长

prévenir（*vt*） (预先)通知,告知

prévoir（*vt*） 预见［料，测］；规定；准备，预备；供给，提供，搭好；考虑（到），指望，利用，需进行；留有，保留，留出；设有［置］

principe（*m*） 原理；原则；（一般）规则，规律，定律；起源；工序

～ de montage 安装原理

～s généraux 总则，总安装程序

prise（*f*） 连接，啮合；进口（水，汽），吸入；分接点；插头［座］；取，采样；凝固

～ d'air 进气（口，道），通［进］气管，通［进］气导管，风扇进气口

～ de charge 带负荷，负荷增加，装载，载荷；（电池）充电插座

～ en charge （指电站的）带负荷试运转、接收、验收；承担；承运；装载；清算；记入借方；淹没式进水口

～ directe 直接接合，直接传动；直接传动装置；直接引入

～ Martin Lunel M. L.（马丁吕内尔）插头

～ de potentiel 轴电位测量

～ ～ pression 压力传感器；测压管［孔］，测压孔口［螺孔］，压力检测孔；减压孔嘴；测压

～ ～ température 测温孔；温度传感器

prisonnier（*m*） 双头螺栓［柱］，柱（头）螺栓，定位螺栓，平［无］头螺栓；销钉；键块

procédé（*m*） （操作）方法；工序，（操作）程序；（工艺）规程；过［进］程；步骤；手续；作业；制式

～ chimique 化学制剂；化学（方）法

～ de mise en place 安装程序

procéder（*vi*）进行，从事，动作，行动（*vt. indir*）（à） 进行，着手做

～ de même 以同样方法进行

～ ～ la même manière 可按同样方法进行

processus（*m*） 方法；手续；程序；过［进］程；步骤；工作周期；工艺（流程）

produit（*m*） 产品，制品；材料；生成物

～ antirouille 防锈剂

～ de base 基本成分；基础产物，主要产物

profil（*m*） 断［截，剖，型，表］面，轮廓，外形；型材；翼剖面，翼型，叶片；等高线；剖［断］面图

～ asymétrique 不对称型钢

profilé（*m*） 型材，型条，型钢

～ métallique 金属断面，金属型材，型钢

profondeur（*f*） 深（度，处），埋深，长度；高度，厚度；水深，水位

progressivement（*adv*） 逐渐地，渐次地，累进地

progresser（*vi*） 进展，推进

projection（*f*）d'Arocoat 喷涂防（电）晕（阿罗科阿）漆

projeter（*vt*） 投，掷，喷射；设计，计［规］划

prolongation（*f*） 延长，延期，延缓（时间），延长的时间，延长期；引伸线

prolongé（*a*） 延［伸］长的，延伸的；持续时间长的；相搭接的

promptitude（*f*） 速度，速率；速度特性；

灵敏(性),迅速(性),敏捷

proportion（*f*） 比(例,率);成分,部分;尺寸,大小,规模,范围;相[匀]称,合适;配合比

propreté（*f*） 清洁,整洁,洁净;清洁度

propriété（*f*）physique 物理特性[性质]

protecteur（*m*） 保[防]护层,保[防]护装置[设备,器];保[防]护人员;保护罩

protection（*f*） 保护,防护;保护层[物],遮盖物;保护盖,防护罩,防护装置

　～ anti-corrosion 防腐蚀,防腐保护

　～ anti-corrosive 防腐蚀,防腐(蚀)保护

　～ contre les effluves 防电晕措施

　～ incendie 灭火装置,消防

　～ masse rotor 转子接地保护

protéger（*vt*） 保护,防护;屏蔽

　～ mécaniquement 机械保护

protocole（*m*） 议定书;记录

prototype（*m*） 原型(机),模型(机),样机;试制品;试验模型;典型,标准

provenance（*f*） 来源,原产(地),出处;输入品,进口货

provenir（*vi*） 来源,起[来]源于,起自…,来自…,出自…,导源于…

provisoirement（*adv*） 临时地,暂时地

provoquer（*vt*） 引起,惹起,激起,会造成

proximité（*f*） 接近,邻近,靠近,相近

　à ～ de（*loc. prép*） 近于,在…附近,在…相近的地方,离…不远,靠近…,

邻近

puissance（*f*） 功率,容量;生产率;能量;水流的挟带与冲积作用

　～ active 有功功率

　～ de chauffe 加热功率;发热量,热值

　～ déclenchée 起动功率

　～ déwattée 无功功率,无效功率

　～ électrique 电功率,电力

　～ nécessaire 需用功率,需要功率

　～ ～ calculée 计算所需功率

　～ réactive 无效功率,无功功率,反作用功率

　～ unitaire 单(个)元(件的)功率,单位功率;单机功率,机组功率;单机容量

puits（*m*）turbine 水轮机机坑

pulvérisateur（*m*） 喷嘴,喷枪,喷射器

pupitre（*m*） 台,斜面台,工作台,(开关)桌

purge（*f*） 清洗,扫除,冲洗;放[排]泄,排出[放],放水;排气塞,放水阀,排水管

　～ d'air 放气,排气,放出空气;放气嘴[孔],放气塞,通风口

purger（*vt*） 清洗[除],扫除;吹净,使净化;放泄,放出,驱出;放压,拔除气塞;打手刺;精炼[制];从…排除水或气,使排出水或气

pyrométrie（*f*）industrielle 工业高温测定(法)

Q

qualifié （*a*）（技术）熟练的；合格的，有资
格的，资质好的；胜任的，称职的　（*f*）性
质［能］，质量，品质；精度，（精度，精密）
等级；牌号
　～ de construction　制造质量

quantité（*f*）　（数）量；值；大小，尺寸
　～ globale　总需要量
　～s nécessaires　需要量

quart（*m*）　四分之一；扇形件，扇形齿
（轮），扇形座［盘］；方向角，象限（角），
罗盘方位
　～ d'anneau　四分之一环
　～ de carcasse　分块［瓣］机座，机座分
　　块［瓣］
　～ séparé　分块［瓣］
　～ de virole　四分之一壳体
　chaque ～　各个瓣体

premier ～　第一瓣
un ～ de coussinet　四分之一分块轴承
～s　分块［瓣］
～s de carcasse　分块［瓣］机座，机座分
　块［瓣］
4 ～s de carcasse　4 块［瓣］机座

queue（*f*）　尾，尾部；尾杆；尾段；柄，把手
　～ d'aronde　燕尾式接合，燕尾榫
　　（头），楔（形）榫，鸠尾榫，燕尾（槽），
　　鸽尾（槽）
　～ ～ d'encoche　线槽的燕尾部位

quinconce（*m*）　交错，交错［叉］排列，梅
花形排列；交错程序，十字交叉顺序；五
点形，梅花形

quitter（*vt*）　离开；放弃，脱离，中断；让
与，让给；放松，放开

R

rabattre（*vt*）　弯曲，弯折，弯边，弯成凸
缘，折叠；弄平，磨平，锤平，压平；下降，
下沉，放下

raccord（*m*）　连接，接合；连接法［线，点，
物］；连接处，合缝处；联轴节；连接管；
（管子，叉管，软管，导管）接头，接点，接
套，管子箍
　～ d'angle variable　可变角接头

～ bas　低压侧接头
～ à bille pour les 2 extrémités　两端有
　球形接头
～ côté régule　巴氏合金侧的接缝
～ d'équerre　直角管节，直角接头
～ ～ avec joint　带密封的直角接头
～ femelle　凹接头，阴接头，内螺旋联
　管节

~ fileté   螺口[纹]连接;螺纹[管]接头,螺纹接套;内接头,丝对（管子的）;螺旋结合[接合]

~ isolant   绝缘接头

~ d'isolation   绝缘接头部位

~ simple   单头接头

~ pour tuyau   软管管箍

~ union   管接头,活接头,联轴节,连管节

raccordement（*m*）   连接,衔接,接[啮]合;接（合）缝,（连）接线,联络线;连接物[板,处],接头,绝缘搭接部分;安装,敷设

~ à   接入

~ du câblage   电缆接线,敷设导线

~ ~ plancher(supérieur)avec le béton   上盖板与混凝土地面的连接

~ ~ régule   巴氏合金面

~ des sondes à la boîte à bornes   从电阻温度计到端子箱的接线

~ ~ tuyautries   管路连接,管路安装

raccorder（*vt*）   连[衔]接,接线,接合,结合,啮合,配合(使成为整体)

racler（*vt*）   刮,削,铲,擦,刮掉,擦[磨]去,铲去;刮垢,刮削;铲平,修整

raclette（*f*）   刮油器,刮板,刮[削,镘,砂]刀

radian（*m*）   弧度(1 弧度＝57.29578°)

radiateur（*m*）   暖气片,散热器;辐射器;辐射体发射天线

radio（*f*）   无线电(收音机;装置);放射线检验,射线摄影检查;射线照相术

raidisseur（*m*）   加固件,加劲肋[板,杆],加

强筋[肋,槽];受力构件;刚性元件

rail（*m*）   轨道;钢轨;导轨;轨条;集电轨

~s de suspension   悬吊轨道

rainure（*f*）   槽(子),榫[键,凹]槽;沟;凹处[线]

~ de bague   集电环槽

~ circulaire   环形榫槽,圆槽[沟]

~ de clavette   键槽,楔(形)槽

~ pour cordon rond   衬垫槽

~ de graissage   (润滑)油槽,油沟[道]

~ ~ joint   盘根槽,密封槽

~ ~ scellement   混凝土的预留槽

à raison de（*loc. prép*）   按照,根据;随着;按…比例,按…规定

en raison de（*loc. prép*）   根据;鉴于,由于

rajouter（*vt*）   再(增)加,再[重新]补充

rallonge（*f*）   伸缩臂,延长臂

ramener（*vt*）   引[拉、收]回;恢[回]复;降低

rampe（*f*）   扶手,栏杆;发射装置,发射歧管;管道;坡,斜坡[面],倾斜,坡度;灭火装置;滑道

~ d'alimentation de combustible   燃料总管

~ de distribution   燃料[油]总管,分配管;滑油分配器,分配装置

~ d'entrée d'huile   环形油槽,进油管道

~ inférieure   下部总管

~ d'injection   燃油喷嘴总管,射油歧管,射油系统管路,喷射管;灌浆管（系统）

~ de protection   安全[防护]栏杆,防

护扶手

rangée（*f*）　排，列，行，线；级数，序数；系，系列

rangement（*m*）　排列，堆叠，整齐工作，整理，调整，布置；确定；存放

ranger（*vt*）　排列，整理，调整，排齐，布置

rapport（*m*）　比（例，率）；系数，因数，常数；报告；关系（曲线）；鉴定；统计表

　～ d′engagement（longueur filetés / diamètre）　啮合比（螺纹长度/直径）

　～de réjection en mode commun　共模衰减系数

　en ～ de（*loc. prép*）　根据；与…同样多

　par ～ à（*loc. prép*）　按（照），根据，对（于），关于，在；（与…）相比，较之…；就…而言，对…来讲

rapprochement（*m*）　近似，接[靠]近；对接，接头

rapprocher（*vt*）　使（更）接近；使重新结[接]合；比较，对照，把…进行对照；拉拢；调解

ras（*m*）　平滑物，光滑物

　à ～ de（*loc. prép*）　贴着…，贴近…；与…平齐

　au ～ de（*loc. prép*）　（几乎）与…齐平，几乎和…相平，贴[靠]近…表面

　au ～ du fer　金属部分

rassembler（*vt*）　集结[中]，收[堆，聚，搜，汇]集；组合，重新安[组]装

rattrapage（*m*）　补偿，弥补，挽回，赶[追]上；缩小[消除]间隙

　～ du jeu　消除间隙

rayer（*vt*）　擦[划]伤，刮痕，弄毛；划去[掉]，擦[圈，涂]去，抹[除]去；划线，划道，划纹

rayon（*m*）　半径，平径；范围，活动区

　～ de l′alésage　内径，内圆半径

　～ prévu　设计半径

réalisateur（*m*）　操作人员，设计者，制造者

réaliser（*vt*）　实现[行，施]，完[制，做]成；包扎；装置[设]；建立；打上，标上；了解，体会；摆，放（置）；涂；规定，定下；要求；获得；建筑；实得，净得，赚到；兑现；领会，明白

réassemblage（*m*）　重新组合[装配]；重汇编

réassembler（*vt*）　再集合，再[重新]组合，重装配

sans rebord（*m*）　无边框

reboucher（*vt*）　再堵，再塞（住），重新堵上[塞住]，填塞；重新盖住，封贴，填堵（洞）

rebrancher（*vt*）　重新接好[连接]

rebuter（*vt*）　严厉[粗暴]拒绝；丢弃，退掉，报废，废[抛]弃；使人失望，使灰心，使沮丧

recentrer（*vt*）　重定中心，重定…中心

réception（*f*）　验收（试验，工作）；接纳[受]，领受，承受；吊进[人]；接收（法），接[收]到，收受，领取；接车，试运转

recevoir（*vt*）　收[接，受]到，承受，支承，放上[置]，容[接]纳；安装，装入，穿过；接合，连接

rechange（*m*）　备件，备品；替换，代替，接替，取代，换新

rechargement（*m*）　修补，焊补，堆焊；重装[铺]；重（新）装载；再充电，重新充电，二次充电

recharger（*vt*）　再装载，再装填，予以填平；重新开始，重做；（再）更换；再充电，过量充电，补充充电；修[焊]补

réchauffage（*m*）　加[预]热，再[补]加热，重新加热

　～ excitation　励磁系统发热

réchauffer（*vt*）　加[预]热，重新加热，再加热

rechercher（*vt*）　重新找寻，再寻找；仔细寻找；寻觅，找出；检索，查找；探索；调查（研究），研究；预期

récipient（*m*）　容器；储[贮]存器；接收器；罐，漆罐；（蓄水）槽；箱；皿

recommandation（*f*）　推荐，介绍；建议

recommander（*vt*）　推荐，介绍；建议

recommencer（*vt*）　重新开始[启动]；重做，重复

recouper（*vt*）　截断[取，割，成]，切断，（重新）切割；（改，再）裁，重新剪裁；裁剪；重新划分；相交，交叉

recouvrement（*m*）　交[重]叠，重叠（部分），叠加，叠绕，搭接；覆盖物，覆层，面板，蒙皮；重新覆盖；包扎方法；恢复，复原

　$\frac{1}{2}$ ～　半叠绕

recouvrer（*vt*）　重新具有，恢复，复原；收回；盖，铺

recouvrir（*vt*）　交叠，相交，覆盖；盖[蒙，遮，罩，铺]上，复以；涂刷；包在，封贴；

包括[含]；埋置，嵌入

rectification（*f*）　矫[改，纠，校，修，更]正；整直；整流；检波；磨平[削]，研磨，珩磨，精馏，提纯，纯化；求长（法）

rectifier（*vt*）　磨平[光，削]，珩磨，整平，修平，修正[改]，改[矫，校，更]正；调正，调直；整流；检波；提纯，精馏；求（曲线）长，求长法

rectitude（*f*）　平直度；直度；直线性

recuit（*m*）　（低温）退火；回火

　～ de détente　退火，消除[去残]应力退火

récupération（*f*）　复原，恢复；再生；回收；排出

récupérer（*vt*）　复原，恢复；再生；回收，取回，收回；重新得到，重复使用

redresser（*vt*）　校正，矫[改]正，修正，矫直；整流；检波

redresseur（*m*）　整流器；检波器；矫直器；校正仪；整流叶栅

réduction（*f*）conique　锥形接管，锥形接头

réduire（*vt*）　缩短[小，减]；减少[小，低]，递减；简化；降低

refaire（*vt*）　改作[造]；改[纠]正；改装；返工；修理[补]；（重新）进行；重做，再做

référence（*f*）　基[标]准，型号；部件号；基准点，起始位置，读数起点，起始条件；参考[照]，参考书，参考资料[文献]；证明书，履历表；引用

　～ de phase　相位基准

réfléchir（*vt. indir*，*vi*）　思索［考］，考虑

réflécteur（*m*）　反射器，反射镜；反射板；反射体；反射面，反射层

refoulement（*m*）　压缩，增压；加压［压力］输送，推送，输送方向；压缩空气输出口［管］；压力供油；排放
　～ de la pompe　射油泵的输送管；水泵出水量，水泵排出量

refouler（*vt*）　加［增］压；压（缩，住），挤压，推送［在，回］；泵送

réfrigérant（*m*）　（空气）冷却器，冷却装置，冷凝器；冷却剂，致冷剂，制冷剂
　～ à air　空气冷却器，空气冷凝器

réfrigération（*f*）　冷却，致冷，制冷

refroidir（*vt*）　（使）冷却，使冷，变冷，致冷

refroidissement（*m*）　冷却［冻］；降温

regard（*m*）　观察孔，孔，口
　en ～（*loc.adv*）　对照，对比

régime（*m*）　制度，规范；额定值；（工作）状态，工况；情况；范围；方式；程序；转速；费率（用电的）
　～ haché　动作终止
　～ maximum onduleur　最大逆变状态
　～ ～ redresseur　最大整流状态
　～ norminal　额定［工作］状态，额定运行条件［工况］，额定工况；额定转速，正常速度；定额
　～ plafond　峰值电流条件

réglage（*m*）　调节，调整（量，工作）；定位；校［对］准
　～ approché　近似调整

　～ astatique　无差调整，不定向调整
　～ des barreaux　定位筋调整
　～ définitif　最后调整，调整好
　～ final　最后调整，最终调节
　～ grossier　粗调（整）
　～ en hauteur　高度调整
　～ de la tension　电压调整［整定，稳定］
　～ ～ ～ ～ de l'alternateur　发电机电压整定
　～ vis-vérins　调节螺栓

règle（*f*）　规；尺，直［规］尺，测杆；导板，推板（下线工具），样板，模板（混凝土的）；定则，定律，法则，规则，规程［范］，条例，标准
　～ en contreplaqué　胶合板直尺
　～ d'essai　试验标准
　～ graduée　刻度尺，分度尺；测深杆
　～ de 2 mètres　2 米的直尺
　～ poussoir　推板
　～ de précision　精密量规

régler（*vt*）　调整［节］；控制；校对，校正［准］，修正；整顿［理］；制定，规定，决定，确定；解决，安排，处理；结［清］算；放定，安牢，接合起来，对准；用尺划线

réglette（*f*）　连（接）杆；平板（带），端板，（带槽）垫板；端子排；小条，带；小尺（地形测量中主要用来测定角度的），窄板；油尺，测杆
　～ à bornes　接线板
　～ ～ ～ Entrelec　昂特勒莱克接线板
　～ entretoise　端板
　～ de raccordement　安装板；接线板

［盒］，端子板［排］

régleur（*m*） 调速器，调整器，调节器；调节阀

regroupement（*m*）des défauts 信号集中回路，信号屏（错）误动作

régulage（*m*） 倒转推力瓦，白色金属的［白合金的］金属衬套［轴承衬］；浇注巴氏合金

régularité（*f*） 正确性；可靠性；规律［则］性，周期性；均匀性

régulateur（*m*） 调速［整，节］器，控制器；稳定器，稳压器；调节阀

　　～ de puissance réactive 无功功率限制器

　　～ ～ température 温度调节器

　　～ ～ tension 稳压器，电压调节器，电压调整器

　　～ ～ vitesse 速度调节器，调速器，调速装置

régulation（*f*） 调节［整］，调谐；调度，控制；调速装置［系统］，调速器，调整柜

　　～ et commande des thyristors 晶闸管［可控硅］调整与控制回路［系统］

　　～ tachymétrique 转速调节

　　～ de tension 电压调整，调压

régule（*m*） 耐［减］磨合金，巴氏合金，巴比特合金，白合金，锑铅合金，轴承合金；巴氏合金面层；白铜；熔块

rehausse（*f*） 刀垫，垫块，垫板，底座，支座；上机架支座，（上）机架支臂；预热器；不变形包装

　　～ du stator 定子支座

　　～s stator 定子机座上面的支座，定子支座

　　～s stator-support de croisillon supérieur 定子上支承上机架的各个支承

relâcher（*vt*） 释放，（继电器）衔铁释放，（制动）缓解，放松，解除（压力）；降低要求

relais（*m*） 继电器

　　～ Buchholz 巴克霍尔茨继电器，气体继电器

　　～ de surintensité 过负荷继电器，过电流继电器，强励继电器

relayage（*m*） 继电器动作；继电器；中继，转播

　　～ échauffement diodes 二极管桥温度继电器动作

　　～ ～ thyristors 晶闸管［可控硅］桥温度继电器动作

　　～ max. I rotor 转子最大电流控制继电器动作

relevé（*m*） 清单，明细表，一览表，统计表，目录；记［抄］录；项；测量［定，试］；（地形）测绘，测图，地形图，标图；量度；求出，算出，计算；读数（法），判读；检查［验］，校核；确［规］定

　　～ de cote 实际尺寸

　　～ ～ contrôle 2.1.3 进行 2.1.3 项检验

　　～ du niveau 水平测量

relever（*vt*） 记录；测定位置；检验，校定，查出，量出；吊［升，抬］起，抬［提，升］高；（测）定方位，定向

relier (*vt*) 结合,连接;耦合

  ~ à la masse 接地

  ~ par soudure 焊接在…

remarque (*f*) (附,备)注;备考;注意(事项),意见

remettre (*vt*) 重新(盖好),放回(原处),使复原,恢复,复位;送交,交付;推迟,延期

  ~ en place 重新…就位,重新装上[放进]

remontage (*m*) définitif 最后安装

remontée (*f*) 回升,(重新)升高,提升;重新上升[涨]

remonter (*vt*) 增添,灌入,装上,重新…就位,重新装配[安装,装上];重新布线;回升,再上升,拔高,拔上,往上进展,(重新)上涨

remplacer (*vt*) 代替,更换,替换,代换,改用

remplir (*vt*) 注入,灌[充]满,填充[满],装满,焊满;执[履]行;完成

  ~ de suif 注以油脂

remplissage (*m*) 充填[满],填充[满],填[垫]塞,装填[满],浇[灌]注,注满;焊满;填料;垫板

  ~ complet 全部焊满

  ~ d'huile 充油,灌注机(润滑)油

  ~ du palier supérieur (上)导轴承充油管

  ~ verre polyester 环氧树脂层压板

remuer (*vt*) 摇[摆,晃,搅,翻]动;摇匀,调匀;移[搬]动

renforcer (*vt*) 支持,加强,加固,加厚,增加[加强]刚性;增[支]援,补充

renfort (*m*) 加强[固],补强,增加;支柱,支撑(板);加强筋[板,材,体],刚性[加固]件;增援

  ~ d'isolation 加强绝缘,绝缘加固,增加的绝缘层

reniflard (*m*) 通风管,通[进]气管

renseignement (*m*) pratique 实用资料,有用的数据

rentrer (*vt*) 归还;藏起 (*vi*) 放进,进入,装入,推进,再进去[入],重入;回来,转回;恢复(原来)工作

  ~ en ligne de compte 应予考虑,考虑在内,估计在内

renvoi (*m*) 传动(机构),(对轴)传动装置;反射;返回,送回,退回;延期;附注,注释,参照[考]符号

réparation (*f*) 修理[复],维[整,检]修(工程);调整,(装配)纠正;赔偿,补偿

réparer (*vt*) 检修,修理,修补[配],修复;更[订,纠]正;调整;弥补,补救,补[赔]偿;重新交付使用

répartir (*vt*) 分配[派,摊];分放,分散;沿…分布,分布(在),分布均匀,排列在,铺开;配给[置],均匀配置;安放,就位,安装

répartition (*f*) 分配[派,摊];分放,分布,铺开;配合[置];划分;排列说明;分类

  ~ des courants 电流分布

repasser (*vt*) le taraud 丝扣回牙

repeindre（*vt*） 重新油漆；重新粉刷；重新着色

repérage（*m*） 定[测]位，取[定]向，定方向标，排列方向，相对位置；(作)记号，标记，编号，色标；识别；索引

~ des encoches avant bobinage 下线前的槽口编号

répercussion（*f*） 反应，反响；反射

repère（*m*） (接合)标记，编[序，件]号；基(准)点，水准点

repérer（*vt*） 定标志[记]，做好…标记，做好[上]记号，标出(编号)，编上号；定位，定向

répéter（*vt*） 重复，反复，重做，重现

repiquer（*vi*） 重新开始

~ le béton 进行二次混凝土浇筑

replier（*vt*） 折叠，弯，曲，屈，挠

~ contre qch 弯向

réponse（*f*） 回答(信号)；反应，反响，响应；灵敏度，敏感度；特性(曲线)

~ des échelons de consigne 指令级特性曲线

~ en fréquence 频率特性(曲线)，频率响应

~ du tachymètre 测速特性曲线；测速反应

~ théorique 理论特性曲线

reporter（*vt*） 再拿，拿[取，带]回；放，安置，放进，加入；转移，转交；变换

repos（*m*） 静止，停止，停顿，间断

reposer （*vt*）再置，安放，重新铺设[安放]，架置，装上 （*vi*）被放入，搁在，建筑[立]在

repousser（*vt*） 再推，推进至；推开；拒绝；否定

reprendre（*vt*） 重新开始[测读]；再[重]取；再加以；重新起动，再起动，重新操作；修补[理]

représenter（*vt*） (再)提出，重新提出，提供，按…提供；表现，表明，表示，所示，显示；代表[理]；描绘[述]；模拟

reprise（*f*） 接头部位的绝缘；夹具，卡子，夹紧器；加强，加固(焊接)；焊补[上]，底焊，封底焊，熔补；修，修理[补]；恢复工作，重复，重新开始；(发动机等)加速，加速性；拿回，取回，收回；回收；更新

~ d'isolation 绝缘起始段

~ de soudure 焊补，气割，清根

faire 1 ~ 重复操作一次

repriser（*vt*） 修补，修理，清根

reproduction（*f*） 复制(品)，再制；仿制，仿型[形]；再生(产)；再[重]现

requérir（*vt*） 要[请]求；需要[求]；催促，督促

réseau（*m*） 网；管路；线路；电路；供电网

~ d'air comprimé 压缩空气管路

~ des courbres 曲线族

~ électrique 电路；电(力)网；输电网；电源

réserve（*f*） 储备；储量，余量；水库容量；自然保护区

réserver（*vt*） 储存[备]，留存，保存，存储；保留，留出；(预)留作别用，用做；具

有；预定

réservoir (*m*) d′huile　（储）油箱，油槽；油库

résine (*f*)　树脂；树胶；松香

~ anaérobique　无［厌］氧类树脂

~ coulée　浇注树脂，铸塑（用）树脂

~ ~ trés lisse　表面十分光滑的树脂浇注件

~ Epikote　埃皮科特（环氧类树脂）树脂

~ époxy(de)　环氧树脂，聚酯树脂

~ d′étanchéité　密封树脂

~ polyester　聚酯树脂

~ ~ armée　改性聚酯树脂

~ de remplissage　充填（用）树脂

résistance (*f*)　阻力，抗力，阻尼；阻抗；电阻；(耐)抗性；强度；电阻器

~ ballast　平稳电阻，稳流电阻，平衡电阻，镇流电阻，补偿电阻

~ de charge　负载［荷］电阻，充电电阻

~ au cheminement　漏电

~ ~ cisaillement　抗剪强度，剪切强度

~ à la compression　抗压强度

~ d′isolement　绝缘强度，电介质强度；绝缘电阻

~ d′un joint　接头电阻

~ du joint　密封强度

~ de limitation de［du］courant　限流电阻，限流器电阻

~ ~ ~ d′intensité　限压电阻

~ non linéaire　非(直)线性电阻，压敏

电阻,可变电阻,调节电阻,可调电阻

~ linéique　单位长度的阻力；单位长度电阻(导线及电缆的)，线性电阻，直线化电阻

~ de masse　接地电阻

~ nulle　零电阻

~ potentiométrique　电阻分压器，电位器电阻

~ ~ fixe　电位器固定［不变,直流］电阻

~ de réchauffage　电阻加热器

~ ~ ~ à l′arrêt　停机时用的电阻加热器

~ souple　可挠电阻加热器

~ ~ de chauffage　可挠电阻加热片

~ spécifique superficielle　表面电阻率

~ à la température　温度范围

~ ~ ~ traction　抗拉强度

~ en traction-cisaillement　抗剪强度

résister (*vi*)　有耐抗性；抵［反］抗；忍耐，支持；抵压，承压

en respectant l′axe Amont-Aval　要对准上下游轴线

en respectant le dessin　按图

en respectant les repères　要注意定位标记

respecter (*vt*)　保持；有待；按照,遵照［守］；达到；注意；对准

~ les repères　按照标记

~ la séquence　依次

resserrage (*m*)　再旋紧

resserrer (*vt*)　(再)紧缩，再缩紧，压缩，缩小，(再)收紧，再次旋紧；限止［制］

ressort（*m*）弹簧,发条;弹力,弹性

ressortir（*vi*）再出去[来],卸去;推论,
导致(结论);特[突]出,显著;产生于,
由来于;隶属于,辖属于
faire ～ 烘托出,陪衬出,对比出

ressuage（*m*）渗透探伤(法),渗透检验
[查]法,色剂渗透试验;(混凝土表面)
浮浆;返潮[湿];渗出[透]

reste（*m*）剩余,残余;差数;余数

rester（*vi*）留下,保持;剩[残]余,剩下,
残存;处于…状态;仍旧,不变
～ de niveau 保持水平

résultat（*m*）结[成]果,成绩,效果;结
论,答案;数据

résulter（*vi*）de qch 发生,起影响,发生
自,出于某事

en résumé（*loc.adv*）简单[概括]地说,
简(而)言之,扼要地;总之,毕竟

rétablir（*vt*）恢复,修复,重建;保持,维
持[护]

retirer（*vt*）抽[拔,取,拖]出;拆除[下],
卸下;移开,推开;撤[剥,拿]去

retouche（*f*）修整[改,复,补],小修
(理),修平;补漆;重新调整,重整[修]
～ de peinture 补漆,修补漆层,加色

retoucher（*vt*）修补[改,整,正,括,复,
饰],整修;校正,矫正;加以[重新]调整
～ par meulage 修磨

retour（*m*）返回,回程;回转,倒转;反
馈,反射;回路,回线;弯曲
～ fuite d'huile 渗漏回油孔
～ d'huile 回油孔,回油

～ en marche à vide 空载运行回程

rertourner（*vt*）返回,退回;恢复;再做;
倒转,翻转,换向

retrait（*m*）缩小,收缩,压缩;皱纹;收
缩率
～ de l'ordr de 2 à 3mm 2～3毫米(范
围内)的收缩
～ ～ soudure 焊缝收缩
～ transversal 横向收缩
～ uniforme 均匀收缩

re[é]triendre（*vt*）收缩,皱缩,紧缩;缩
口[径];锤击[铜板]成型

retourver（*vt*）(再)发现,发觉,再认出,
找到,(重新)获得;认为,认定,以为,认
为…是…,使成为,把…当作…,承认;
恢复,复原;检索

réunir（*vt*）合,合并,结合;集合,聚集,
汇集;接,联结,连接,接合;联系

réussir（*vt*）做好,做成功 （*vi*）成功
[就],做成;获结果;达到,能够

revêtement（*m*）护面;保护层,衬砌
(层);涂层,导体漆;包皮(电缆的);
外壳
～ anti-effluves 防(电)晕层
～ Arocoat "阿罗科阿"漆(涂层),防
(电)晕层
～ "Arocoat Copon" "防晕考帮"涂层
～ isolant 绝缘层,绝缘涂料(层)

revêtir（*vt*）涂(上),镀,敷,(覆,遮)盖,
蒙(上),罩(上);加保护[覆盖]层;具
有,带有

reviser（*vt*）修订[正,改];检查[验];检

修;旋紧

rhéostat（*m*）　变阻器,电阻箱,可变电阻（器）(RH,Rh)

　～ RHA　RHA 变阻器,自动变阻（的磁场调节）器

rigide（*a*）　牢[坚]固的;非弹性的,刚性的;(坚)硬的,硬式的;不易弯曲的;不易变形的;严格的

rigidité（*f*）　刚性,刚度,硬度,（结构）强度;稳定性,稳度

rinçage（*m*）　涮;洗涤,刷[冲]洗,漂洗[清],清洗,洗净

ripper〈英〉（*m*）　拖拉;松土机,除根器

risque（*m*）　危[风]险;冒险;危险度[率],出险率

　～ d'erreur　误差率

risquer（*vt*）　使…遭受危险,有使…危险,使…处于危险中;冒…危险,冒风险,敢于…;担心

river（*vt*）　铆,铆合,铆接;系[扣]牢;钉上[住];连接

rivet（*m*）　铆钉,铆接

robinet（*m*）　开关,龙头,旋塞,栓,阀（门）;气门嘴

　～ de haute pression　高压开关;高压阀

　～～～～ "TERM"　"TERM(压力管末端的)"高压阀

　～ "Hermédisc"　密封盘阀

　～ à passage direct　直通阀

　～（～）pointeau　针阀

　～～ soupape　阀,球（心）阀,活门,

汽门

　～～～ Munzing　"门秦"球阀

　～ sphérique　球形阀

　～ vanne　闸阀,滑门阀

　～ à vanne　闸阀,闸(板)门,闸板截门

　～ et vanne　闸阀

robinet-vanne（*m*）　闸阀,滑门阀,制止阀,封闭截门,密闭阀,关闭阀,楔形闸阀,旋塞阀,泄水阀

roboutage（*m*）　对接焊缝

　～ circulaire　对接环形焊缝

　～ nervures　对接带（加强）肋[筋]焊缝

robuste（*a*）　坚[牢]固的,耐用的;强壮的

rodage（*m*）　磨,研[珩]磨,磨削,磨光,磨合;贴合（情况）;试车（期）,试运转（期）;验证

roder（*vt*）　磨(擦,平,光,合),研[珩]磨,砂光;(对新机器、新设备等)进行试运转,试车

Roebel〈英〉（*n*）　"罗贝尔"系定子线棒内股线换位方法

rompre（*vt*）　折[拉]断,断开,切断;中断;打破,扯破,打碎,炸裂,断[破]裂;击穿;断电;冲毁[决]

rond（*m*）　圆,圆形物;圆钢;校圆,圆度

　～ d'acier　圆钢;加强筋;加固筋;钢筋

　laminé ～　圆钢

　un ～ d'acier tourné à ses deux extrémités　两端车过的圆钢

rondelle（*f*）　垫圈[片],挡圈,圆形衬垫;锁定板,圆板[盘,环],垫板,压板

~ (de) Belleville　别氏弹簧垫圈，杯形 [锥面]垫圈，碟簧垫圈

~ de butée　挡圈，止推环，止推垫片，推力垫圈

~ à dents　梅花垫圈，多齿垫圈

~ ~ denture　齿冠垫圈

~ entretoise　间隔(定位)垫圈，隔圈；间隔套筒

~ éventail　弹簧垫片[圈]，减[防]震垫圈，扇形垫圈，锁紧垫圈，锁定垫片

~ Grower　弹簧垫圈[片]，锁紧垫圈

~ isolante　绝缘垫圈[片]，隔离垫圈

~ plate　(扁)平垫圈

~ porte joint　盘根压环

~ Trepp　Trepp(特里普)型垫圈，碟形弹性垫圈

~ usinée sur une face seulement　单面加工的垫块

~ s et écrous prévus　专用的垫圈和螺母

~ s W$_6$　弹簧垫圈

rotation（f）　旋[回]转，运转，转动；旋转量[角]

~ (à) droite　顺时针方向旋转，顺(时针旋)转，右旋(转)，顺时针旋转方向

~ de l'écrou　螺母旋转

~ sur injection　加油转动

~ mécanique　机械转动

rotondité（f）　圆度，圆形，球形

rotor（m）　转子；(水轮机)转轮，叶轮，(涡轮机)工作轮；滑动触头

~ alternateur　发电机转子

rotule（f）　拐臂调心轴套；球形铰，球形联轴节，球节，关节，球窝(关)节；球形支座

~ INA autolubrifiante　(耐滑油的)自润滑关(节)

roue（f）　轮，(水轮机)转轮

~ à pales　叶轮

~ 5 pales　五叶(片)转轮

~ retournée　转轮颠倒[翻身]

~ turbine　水轮机转轮，转轮体

rouille（f）　(铁)锈；锈痕[层，蚀]，腐蚀；金属氧化物

rouleau（m）　卷，线材卷；圈，高压线圈；绕线管，卷线轴；绝缘子；碾子，滚筒；压路机

roulement（m）　旋转，滚[转]动；轴承，滚动[滚珠]轴承，轴瓦，轴衬

~ à 2 rangées de billes，[à] contact oblique　锥形内孔[角面接触，直角接触]的双列[排，行]滚珠轴承

~ ~ rotule sur 2 rangées de billes　双列向心球面滚珠轴承

rouler（vt）　使滚[转，旋]，使滚动；滚轧成形；卷(起)；(围)绕；裹

roulette（f）　小轮，(小)滚轮；绝缘子，隔电子；卷尺

Rubafix　Rubafix(里巴菲克斯)胶带

ruban（m）　带，条；绝缘带

~ adhésif　胶布带，胶纸带，绝缘带

~ ~ Scotch Rubafix　"S. R."胶布带

~ de bronze　铜箔

~ en caoutchouc et silicone　硅橡胶带

~ feutre 毡带

~ ~ imprégné 浸渍的脊纹毡带

~ ~ tergal 脊纹毡带

~ Isotenax 依索提纳绝缘带

~ mylar 聚酯树脂绝缘带

~ ~ adhésif 聚酯树脂胶带

~ ~ ~ Rubafix 里巴菲克斯聚酯树脂胶带

~ de polychlorure de vynil 聚氯乙烯带

~ provisoire de polychlorure de vynil posé à raison d'une couche à 1/2 recouvrement 临时的半叠绕的聚氯乙烯带子

~ samica époxy 玻璃环氧绝缘带

~ Silionne-Samica-Silionne 玻璃纤维—云母—玻璃纤维绝缘带,SSS绝缘带,粉云母带

~ ~ - ~ - ~ époxy 玻璃纤维—云母—环氧树脂绝缘带,SSS环氧树脂绝缘带,依索提纳环氧树脂绝缘带

~ Tedlar 坦特拉绝缘带

~ téflon 特氟隆(四氟乙烯绝缘塑料)绝缘带

~ tergal [de Tergal] rétractable 收缩性脊纹带,脊纹收缩带

~ teryl 德里尔(涤纶、聚酯纤维的商品名)绝缘带

~ de toile adhésive industrielle 工业用胶布带

~ Trévira 德累维拉(聚对苯二甲酸乙二酯纤维的商品名)绝缘带

rugosimètre (*m*) 表面光度仪,蒙皮表面粗糙度的测量器

rugosité (*f*) 粗糙,凹凸不平;(粗)糙度,不光度,糙率

~ de surface 表面粗糙度,表面糙率

~ s ~ ~ 不规则表面

rupteur (*m*) 开关,隔离开关;断路[电,续,流]器,接触器,接触断路器

ruptures (*f. pl*) fréquentes 常断

S

saleté (*f*) 尘垢,污物,垃圾

salle (*f*) 室,厅,房间;车间,工作间,工段

~ des machines 发电机层,机(器)房

samica (*m*) (粉)云母,粉云母纸,云母基电气绝缘材料,云母基绝缘制品

sangle (*f*) faite de ruban tergal 编织的阔脊纹带

satisfaire (*vt. dir*) 使满意,(使)满足 (*vt. indir*)(à)履行,尽到;符合,满足,适合于

satisfaisant (*a*) 令人满意的,令人满足的

saturation (*f*) 饱和,饱和度,饱和状态,饱和作用

SB [=styrène-butadiène (*m*)]　苯乙烯一丁二烯(共聚物),丁苯橡胶

scellement (*m*)　嵌入(墙壁),埋设,预埋;锚定,固定,浇牢,密封;浇(注)二期混凝土;焊接,焊缝,接头(焊),焊封,封焊,低温焊

~ des plaques d'assise　基础板浇二期混凝土

~ du support de pompe d'injection　注油泵预埋底脚螺丝

sceller (*vt*)　嵌入,埋设,封固,固定,浇牢,水泥砂浆粘固,(用砂浆、水泥等)砌住,封闭,封住,密封[闭],包封;紧固;巩固;涂有;浇二期混凝土

faire~　浇筑二期混凝土

schéma (*m*)　图;表,图表,草图,简图,平面[布置]图,示意图;接线图,线路图,系统图;电路;网路

~ d'assemblage　组装简图,安[拼]装图

~ de branchement　电气图,接线图[法]

~ ~ câblage　接线图;布线图,配线图;装配图,安装图

~ ci-après　下图

~ ci-joint　附图

~ classique　标准线路图,常规结线

~ électrique　电(气线)路图,配电[交换,转换]电路

~ d'empilage　叠装示意图

~ d'enroulement　绕组图,卷线图

~ de freinage　制动系统图

~ hydraulique　液压系统图

~ interne des tiroirs　二极管插件内的回路;内部结线

schématiser (*vt*)　用图表表示,用简图表示,用示意图表示,图解

sciage (*m*)　锯,锯切[开,断,割];锯材

S[s]cotch 〈英〉(*m*)　(源自商标名)一种薄而易粘的胶带,透明胶(水)纸带,(普通)胶带[布],(粘贴用)透明胶带

~ 56　56 透明胶带

s'accoter (*v. pr.*)　倚,靠,倚靠,斜靠在某物上;连接

s'accrocher (*v. pr.*)　挂[钩]住;粘住[附,着],缠[绕,卷]住,使固定,上紧,把…结[栓]在

s'adapter (*v. pr.*)　适合[于,应],符合,配上

s'aider (*v. pr.*) de　使[利]用,借助于

s'appliquer (*v. pr.*)　努力,专心(从事),专心于…;适合,适用;应用;运用;涂,敷,镀,贴;配

s'appuyer (*v. pr.*)　靠,倚靠,依靠;依[根]据,援引,采用;把…撑住,顶撑,支持[撑];搁放

s'assurer (*v. pr.*) (de qch)　证明;查明[看];确定;保证,担保,确保;取[获]得

s'avérer (*v. pr.*)　被证实,原来是,表现为

se centrer (*v. pr.*)　中心定位

se composer (*v. pr.*) (de)　包括,由…组成;分为;形成

se contrôler (*v. pr.*)　校核;自我克制

se cristalliser (*v. pr.*)　结晶,晶化

se décomposer (*v. pr.*)　分(解),可分成,

分为；拆散；包括；分述

se dégager（*v. pr.*）(de qch) 显示[表现]出来，被得出；打开，被解放

se déplacer（*v. pr.*） 移动[位]，位[转]移；走[调]动

se déposer（*v. pr.*） 放，置；存储，寄存，积存

se détacher（*v. pr.*） 剥[脱]落，掉下；分开，离开

se dilater（*v. pr.*） 膨胀；扩大[张]

se diriger（*v. pr.*） 往，向（某处去）

se diviser（*v. pr.*） 分，被分，分为，分成，分开；被除，可除

se dresser（*v. pr.*） 立直，耸起；被竖直，被装置；绘制

s'effectuer（*v. pr.*） （被）实现[行]，（被）执行，进行，举行；发生

s'emballer（*v. pr.*） 逸转，飞逸，（机器、发动机等）超速运行

s'emboîter（*v. pr.*） 插[嵌，镶，套，推]入，放在…里；提升到

s'encastrer（*v. pr.*） 插[嵌、垫]入；使…适合[应]

s'engager（*v. pr.*）(dans, dans qch) 投入，参加，加入，从事；进[深]入；开始，着[动]手，着手进行，发生；接受约束；被缠住，被绊在，缠结；固定在；被雇用；应聘

s'étendre（*v. pr.*） 认为，了解，熟悉；会，善于；涂刷

s'évacuer（*v. pr.*） 逸出

se faire（*v. pr.*） 适应[合]，合适，相当；发[产]生，举行，进行

se fixer（*v. pr.*） 确[规]定，决定；固定，安装

se former（*v. pr.*） 形成，组[造，建，构]成；变熟练

s'imposer（*v. pr.*） （需，必）要；（要）求，请求

s'isoler（*v. pr.*） 绝缘

se mettre（*v. pr.*）(à f. qch) 开始，着手，从事，动手（做某事），装

se monter（*v. pr.*） 增加，增长；供应；装，安装；办，采办

se poser（*v. pr.*） 被放置，安置；安装；设[派]，放，弄]定，安牢，使安定，弄好；发生；落，落下；（问题）存在

se pouvoir（*v. pr.*） 可能，可能实现

se présenter（*v. pr.*） 出现，发生；碰到，想到；采用；属于；参加

se propager（*v. pr.*） 流行，散布，传布[播，到]，使…波及，扩大

se protéger（*v. pr.*）(de) 避免，掩护，提防，防御；（用…来）保护自己

se raccorder（*v. pr.*） 结[接]合，接至，相连[接]通，相衔接，对齐

se rapporter（*v. pr.*）(à) 有关，涉及，和…有关，和…有联系；适应

se référer（*v. pr.*）(à) 参考[照，阅]，见；适用于；引证，依据，关系；有关，涉及

se refermer（*v. pr.*） （开后）再关闭，再闭上，再合拢

se répartir（*v. pr.*） 配给，（被）分配，被分摊，分派；分布均匀

se reporter（*v. pr.*）(à) 参考，参照，参阅；回想起，回忆起

se servir (*v. pr.*) de 利用,使用

se situer (*v. pr.*)(à) 距;位于,坐落于,处于

se transmettre (*v. pr.*) 传,传到,(被)传播,传达

se trouver (*v. pr.*) 在,处在[于],位置在,位于;互相接触;对准

se visser (*v. pr.*) 配上

séchage (*m*) 干燥(法),去水,烤[烘]干,晒[凉,吹]干

sécher (*vt*)凝固,(使)干涸,(使)干燥;烤[晒,烘,凉]干;晒 (*vi*)干,变干,干枯

"secours batterie" (*m*) "备用电源"

secteur (*m*) 扇形(区);扇形件;象限;地区[段,带];部门,科;电力网;带(状物),(狭,窄,长)条,(狭长)片
　　~s de caoutchouc 橡皮带[条],橡胶(密封,止水)带[条]

section (*f*) 截[断,剖]面;节,段;区域;分部,分区,隔间
　　~ "Fermeture" "关闭侧"的表面面积
　　~ "Ouverture" "开启侧"的表面面积
　　~ rectangulaire 矩形剖面

sectionneur (*m*) 分段开关,(分段)断路器,隔离开关,断路开关
　　~ à fusibles incorporés 带熔断器的分段隔离开关

sécurité (*f*) 可靠性,安全性,安全系数;安全装置[措施,事项]
　　~s 安全阀系统

segment (*m*) 弓形(环,片),扇形(体,块,段,齿轮);薄片,冲片,整流子片,盖板,齿压板;活塞环,环;(分割的)部分,章,(环)节,段
　　~ d'anneau 支持环,分段环板
　　~ d'appoint 加接支持环,加接段
　　~ compensateur 平衡叠片,补偿片[垫],均压环(电机的)
　　~ de compensation 平衡叠片,补偿环[片,垫]
　　~ ~ entier 整张平衡叠片,整张补偿片[垫]
　　~ ~ partiel 非整张平衡叠片,非整张补偿片[垫]
　　~ ~ connexion 环形连接线,连接线(元件)
　　~ dégradé de 5mm 切短 5 毫米的冲片
　　~ de départ 起始齿压板
　　~ d'empilage 叠片堆叠用冲片
　　~ contre évents 叠层末端冲片
　　~ extérieur 外圈环板,活塞外密封环
　　~ de freinage 制动环(环板,闸板)
　　~ ~ jante 轮缘[磁轭]叠片
　　~ ~ serrage 齿压板
　　~ ~ ~ inférieur 下(部,端)齿压板
　　~ ~ ~ supérieur 上齿压板,上端压板
　　~ ~ des tôles 钢质齿压板
　　~ ~ tôle 叠片,冲片;(下)盖板
　　~ ~ ~ d'empilage 叠片(堆叠)
　　~ ~ ~ compensateur 平衡叠片,补偿片[垫]
　　~ ~ gradin 阶梯式叠片
　　~ ~ stator 定子(铁芯)叠片,定子

（标准）冲片

~ voisin　相邻的分段

chaque ~　每块齿压板

~s de compensation　平衡叠片，补偿
片[垫]

~s porte-balais　刷握支承环

~s rebutés　废叠片

~s de tôle stator rebutés　定子废叠片

2 couches de ~s rebutés　二层废叠片

51 ~s de serrage inférieurs　51 块下齿
压板

10000 ~s de tôle stator　1 万张定子标
准冲片

sélection（*f*）　选择，挑选，选定；寻找，探
索；拨号（自动电话）

~ commandes　控制方式选择

~ des défauts　故障检测

~ défauts pont PT　晶闸管[可控硅]
桥（PT）的事故检测回路

~ ~ tiroirs de thyristors　晶闸管[可
控硅]插件的事故检测装置（SDTT）

semblant（*m*）de manchon　密封连接（外
形）

semelle（*f*）　基底，底[垫，支]座；盖板，座
板，底板，基础板，支承板，连接板

~ supérieure　上盖板，上部基础板；上
弦；上翼缘，（翼梁）上缘条

sens（*m*）　向，方向，指向

~ des aiguilles d'une montre　顺时针
方向

~ d'avance　前进方向

~ circonférentiel　圆周方向

~ circulaire　圆周运动方向

~ de l'écoulement de l'huile　油流
方向

~ ~ fonctionnement　动作方向

~ haut bas　上下方向

~ horaire　顺时针方向

~ inverse des aiguilles d'une montre
逆时针方向，反时针（旋转的）方向，
正方向

~ de mise en place de la cale　槽楔插
入方向

~ opposé　符号相反，（相）反方向，反
指向

~ radial　径向

~ de rotation　转动方向，旋转方向

~ ~ ~ normal　正常旋转方向

~ tangentiel　切向，切线方向

sensible（*a*）　灵敏的，敏感的；可感觉到
的，有感觉的；明显的，显著的，显然的

moins ~　比较不易觉察的

sensibilité（*f*）　灵敏度，敏感性；感光性
（能）；（仪表的）反应性能

~ parfaite　理想灵敏度，绝对灵敏度

séparateur（*m*）　（绝缘）隔板；分离装置，
（水气，充水）分离器；同步脉冲分离器；
脉冲选择器；离析剂

séparer（*vt*）　（使）分离，（使）分[隔]开，
拆下；区分，划分，分成；挑出[选]，拣出

séquence（*f*）　次序，顺序，程序；顺序性，
连续性；序列；方面，部分

~ de blocage　紧固方法

~ décrite ci-dessous　下列（所述）次序

~ globale　全过程

~ normale　正常程序

~ ~ de serrage　正常的紧固程序

~ principale　主要方面

~ schématisée　附图所示的程序,图示程序

~ de serrage　旋紧次序,紧固螺栓的程序

~ pour le serrage　扳紧次序

~ de soudage　焊接程序

série（*f*）　列,系,序,顺序,系列;组,批,型,类,族;串联;级数

~ renforcée　加强型

Sermax　塞马克斯夹钳

serpentin（*m*）　蛇形管,盘管;蛇形(管)换热器[热交换器],冷却器

~ de circulation d'eau　(水循环)冷却器

~ réfrigérant　螺旋形冷却管,冷却用旋管

~ de réfrigération　冷却环管;冷却器

serrage（*m*）　固[锁]定;紧固,拧[旋,上,压,夹,拉,挤]紧,压紧工作[情况,程度],旋紧程度[方法];过盈(度),紧配合;制动

~ de l'accouplement rotor arbre inter-médiaire　转子和中间轴连接的锁定

~ chape　法兰过盈度

~ définitif　最后压紧

~ à froid　冷压

~ ~ chaud　加热后旋紧

~ intermédiaire　预压紧,分段(压)紧

~ moyen　平均过盈(度)

un dernier ~ intermédiaire　最后一次

预压

léger ~　稍为挤紧

1ᵉʳ（premier）~ intermédiaire　第一次预压紧

serre（*f*）　夹子,夹钳,绳夹,夹具;夹紧件

serre-câble（*m*）　(电线)线夹;电缆夹,电缆卡子,电缆端子

serrer（*vt*）　夹[压,上,揿,拧,旋,系,绑]紧,紧固,固定

servante（*f*）　支架,支杆;支承小车

~ support　支承小车

service（*m*）　局,处,科,部门

~ (de) montage　安装局(处,部门)

~ technique　技术部门

en ~　在运行[操作]过程中;在线,在役

servir（*vt*）（de,à）　用作,作为,当作,充当,当,做;对…有用,合用,适用,供…用,用于;乃是

servo-moteur（S. M.）（*m*）　(导叶,轮叶)接力器;主配压阀;主控[伺服,随动,辅助]电动机,伺服(电)机,伺服马达

~ de commande des pales　(控制)轮叶(的)接力器

~ [S. M.]"ouverture"　接力器"开启"侧

~ des pales　轮叶接力器

servo-potentiomètre　整定变阻器,随动电位计,伺服电位计[器]

~ "automatique"　"自动控制"整定变阻器,"自动"电位调节[整定]器

~ "manuel"　"手动控制"整定变阻器,"手动"电位调节[整定]器

servo purgeur (*m*)　积水排出操作手轮

seuil (*m*)　极限，界限，限度；堰顶

　～ d'insensibilité　不敏感性的临界值

　～ de sensibilité　灵敏限，灵敏度界限，
　灵敏临界值

shunt〈英〉(*m*)　（电的）分路[流]；分路
　器；分流器；分流[路]电阻；并联，并联
　支路

shuntage (*m*)　分路，分流，分支；并联；磁
　场削弱（比）

sifflet (*m*)　笛，汽[鸣]笛；斜坡段，斜面

signal (*m*)　信号（标志）；信号机；信息

　～ extérieur　外部信号

　～ parasite　干扰信号，寄生信号

signalisation (*f*)　信号；信号装置[设
　备]；信号显示[指示]；信号制度

　～ des défauts　事故信号（回路），故障信
　　号（装置）

　～ échauffement　温升信号回路

　～ manque impulsions　脉冲事故检测
　　与信号装置

　～ max. I rotor　转子最大电流信号

　～ mode de fonctionnement　操作方式
　　信号指示

　～ niveau "trop haut"　"水位太高"
　　信号

　～s des défauts ponts　整流桥事故信
　　号回路

silestène (*m*)　硅橡胶

silicium (*m*)　硅（Si，旧名矽）

silicone (*f*)　硅康，（聚）硅酮，硅有机化合
　物，有机硅化合物，硅（有机）树脂，由盐
　酸和硅化钙作用生成的固体；聚硅氧

Silionne (*f*)　玻璃纤维（商品名），玻璃
　（长）丝

　～ samica　玻璃纤维云母

simuler (*vt*)　模拟，仿真；伪装

simultané (*a*)　同步的；同时（发生，进行）
　的；并行的；联立的

simultanément (*adv*)　同时地

sinusoïde (*f*)　正弦曲线，谐波曲线，正弦
　波[式，电压，信号，振荡]

　～ de référence　正弦波基准

situer (*vt*)　建造[立]；配置，布置，安置；
　固定，定位，测[确]定位置

société (*f*)　公司

socle (*m*)　（底，基，床）座；基础；管底
　[座]，管脚；底部；架，台

sol (*m*)　地面；土壤；接地；下部平台

solidariser (*vt*)　紧固；联合，结合

solidus (*m*)　固线，固相线，固液相曲线，
　固相曲线（多元系相图），（二元素浓温
　度线图上的）固（相曲）线

solvant (*m*)　溶剂，溶媒

sommaire (*m*)　摘要；目录；概况

sommet (*m*)　顶[部，面，点，峰]，最高点；
　峰值

　～ du cône　锥形里衬的顶部

sonde (*f*)　探针[头]，传感器，探测器；热
　敏电阻，电阻温度计；检测器

　～ air chaud　空气冷却器进口电阻温
　　度计

　～ ～ froid　空气冷却器出口电阻温
　　度计

　～ huile palier inférieur　下导轴承油电
　　阻温度计

～ ～ ～ supérieur　上导轴承油电阻温度计

～ au mégohmmètre　绝缘电阻表［摇表］检查电阻温度计

～ régule coussinet inférieur　下导轴承瓦电阻温度计

～ ～ ～ supérieur　上导轴承瓦电阻温度计

～ à résistance　电阻温度计，电阻元件

～ ～ ～ type"SCHLUMBERGER"　"希伦伯格"（型）电阻温度计

～ stator　定子绕组电阻温度计

～ du téléthermomètre　遥测温度计

～ de température　电阻温度计，温度传感器

～ ～ ～ enroulement stator　定子绕组电阻温度计

～ ～ ～ de l'huile du palier inférieur　下导轴承油温的电阻温度计

～ ～［du］thermostat　恒温器探测器，信号温度计

～s　测温仪表

～s normalisées EDF　标准型 EDF（法国电力公司）探头

～s ruban 100Ω　100 欧姆带形绝缘的电阻温度计

sortie（*f*）　引［输，放，排，流］出；出口，排气［水，油］孔；输出装置；出油［水］管；输出侧；（引，输）出端，出线端；（引）出线

～ air frais réfrigérant　空气冷却器排出空气

～ d'eau　出水管；排水孔，出水口；（散热器）排水

～ de filtre　滤清器输出［出油］管

～ d'huile　出油管，出油口

～ ～ chaude　热油管出口孔

sortir（*vt*）（à, de）　取［拿，拔］出，拆去，吊走［出］，排［放，输，引，取］出；放下；突出；来自，从…出来，摆脱…

soudage（*m*）　焊，焊［溶］接；溶焊

～ carcasse　机座焊接

～ au plafond　仰焊，顶焊

en cours de ～　焊接过程中

soude（*f*）　苏打，碱；碳酸钠，氢氧化钠

～ caustique　烧碱，苛性碱［钠，苏打］，氢氧化钠

souder（*vt*）　焊（接），溶焊，铜焊；粘接（塑料的），接合；溶合

～ par point　点焊

soudeur（*m*）　焊工，电焊工，焊接工

soudure（*f*）　焊（接）；焊接工作；焊缝，焊疤；焊料

～ à l'arc　电焊，电弧焊

～ circulaire　圆焊缝，环形焊缝

～ classe　电焊等级

～ continue　连续焊缝［接］；滚焊，线焊，缝焊

～ à l'étain　锡焊；软焊条［料］，纤料［焊］

～（d'）étain　锡焊料，软焊料［条］，纤料

～ étanche　密闭［实］焊缝

～ d'étanchéité　填焊，封焊，密封焊（接）

～ des joints　接缝焊接

～ ～ ～ de carcasse　机座接缝焊接

～ longitudinale　直线焊缝；纵焊

～ manuelle　手[人]工焊接

～ au plafond　仰焊（缝）

～ de raccordement　连接焊缝

soulager（*vt*）　解开；释放；减轻；卸载，卸货，减轻负担；顶起；救助，接济

soulèvement（*m*）　顶起，升起，隆起，举起；提升[顶起]高度；吊起，起吊装置；支柱，撑柱

～ maxi du rotor　转子最大抬高距离

soulever（*vt*）　升（高），稍微升高，（稍微，稍稍）提起，抬[举，吊]起，提升；（使）涌起

soupape（*f*）　活门，阀（门）；节流阀[门]；整流器[管]，扼流线圈

～ d'aération　空气阀

～ d'entrée d'air　空气（进口）阀

～ de sécurité　安全阀，保险阀

～ ～ sûreté　安全阀[活门]，保险阀[活门]

～ vannage　闸阀

sousamortissement（*m*）　欠阻尼，不足阻尼

souspression（*f*）　压力下降，压力降低

sous-pression（*f*）　扬压力，上托力，反压（力），浮（托）力，负压，欠压；外（部）压力

sous-vitesse（*f*）　速率下降，转速降低

soutenir（*vt*）　让，给，与；保[维，支]持，支撑，负担，承受，吊住；保护，援助；肯定，主张，指明

soutien（*m*）　支承，支持；支柱，支撑（物），撑条；支点，支座，支架；轴承[颈]；载体

spatule（*f*）　刮刀[勺，铲]，抹刀，油灰刀，油漆刀，镘刀

spécification（*f*）　说明书；计划书；技术规格[条件，要求]；（尺寸）规格，规定要求；（技术）规范，规程；合同附表；鉴定；分类；一览表，细目表，明细表

～ technique　技术说明书

spécifique（*a*）　专用的，专门的；特殊的，特有的，特定的，明确的；比的，比率的；单位的

sphérique（*m*）　球形气球，自由气球；球状

spire（*f*）　匝，线匝，匝数；圈，螺旋圈；箍环；环箍[形]钢筋

～ adjacente　相邻线圈

par ～　每匝

spit（*m*）　预埋锚杆；沙嘴，岬，海角

～s roc φ12　φ12 锚筋螺杆

stade（*m*）　阶段；时期；周期；级

stage（*m*）　阶段；级；实习[见习，培训]期；培训班

standard（*m*）　标准，基准；定额，规格，水准

～ de chute de rendement　效率降低标准（空蚀系数）

station（*f*）　站，台；车站；位置，场所，基地；测量点，观测点；装置，设备

statisme（*m*）　调差系数，残留不平衡系数；静止（状态），静态；稳定性，剩余偏差特性

～ affiché　调差系数整定值

～ permanent　残留

~ ~ affiché 残留整定值

~ temporaire 缓冲

~ transitoire 缓冲强度

stator (*m*) 定子,静子;(电容器)定片（组）

~ empilé 定子堆积,铁芯叠装[压]

~ en fosse scellé et goupillé 定子在基础浇二期混凝土和固定

stator-support (*m*) 定子上支承

~ de croisillon supérieur 定子上支承上机架

stéarinerie (**sté**) (*f*) 制造所,公司;硬脂精(工,制造)厂

Sté Pyrolac 皮罗拉公司

stock (*m*) 存货,存料,库存(量),储备(量),备料;仓库,储[贮]存(处)

stockage (*m*) 保管[存];放入,存放,储[贮]存,库存,封存;仓库;蓄水

stocker (*vt*) 存放(入库),储[贮]存,储[贮]藏;库存,入库,进仓

stratifié (*a*) 分层的;层状的,片状的,成层的,层叠的;层压的,(层)压制的 (*m*) 层压件;层状材料,夹层材料;叠层塑料

~ mat époxy 环氧玻璃布层压板

~ ~ polyester 聚酯玻璃布层压板

~ verre polyester 聚酯玻璃布层压板

strie (*f*) 条痕,线条,条纹,皱纹,裂纹;擦痕;柱钩

~s 划痕,擦伤;条纹[带状]组织;花纹盖板

strié (*a*) 有条痕的,有条纹的,有齿纹的,(有)波纹的,有柱钩的;锯齿形的;条痕状的,条纹状的,擦痕状的

structure (*f*) 结构,构造

subir (*vt*) 承受,遭受;接受,经受

subsister (*vi*) (继续,仍然)存在,留存;继续有效

suif (*m*) 油脂;润滑脂;动物脂

~ chaud 热油脂

suiffer (*vt*) 涂抹油脂,涂以油脂[黄油],敷上…油脂

suivre (*vt*) 跟(随),(伴)随,随即,跟踪,扫描;注[监]视,观察;描绘,仿效[照]

superposer (*vt*) 叠起[加,合],重叠,叠放,依次放上

superposition (*f*) 叠加[起],叠积[放],重叠,依次放上;上部位置

support (*m*) 支柱,支架,支座,支承,台座,管座,底座,插座;外壳,构架,管架,支持环,支承点,支托件,支墩;内顶盖;底板

~ actionneur 电液转换器支座

~ des appareils de contrôle 监视仪表盘

~ bague intermédiaire 中导向[引导]瓦的支托件

~ ~ supérieure 上导向[引导]瓦的支托件

~ capot 受油器顶筒

~ de chemin de câble 电缆架

~ ~ connexions isolants 带绝缘连接件的出线支架

~ cornière 角钢支座

~ de coussinet （导轴承）支持环,支承环

~ ~ diaphragme 油封座圈,密封座圈

~ droit d'électropompe 电动泵右支座

~ électrovanne 电动阀阀座

~ de filtre 滤清器支座

~ (de) flotteur 浮子支座,浮子[控]继电器的连接器

~ gauche d'électropompe 电动泵左支座

~ isolant 绝缘子,绝缘体;绝缘支架[座],绝缘架[台];绝缘器

~ pour jauge 千分尺插座

~ de manostat 压力开关底板

~ ~ niveau 油位检测筒

~ ~ niveaux contacts 油位开关

~ ~ palier 导轴承支持环,导轴承座圈,导轴承支座,轴承座,轴承支架

~ ~ ~ turbine 水轮机导轴承支持环

~ ~ pivot 推力轴承(支承,支座,支架),推力轴承支座和内顶盖,内顶盖(顶部,锥体);座圈接合处;下心盘摇枕,中心销摇枕

~ ~ plancher 上盖板

~ ~ plaque （支持环)撑板支座

~ ~ pompe 油泵支座[支臂],水泵底座,泵座

~ ~ raclette 刮油器支座

~ ~ roue 转轮用支架,转轮支座

~ ~ soutènement 支座,接头支座

~ ~ superstructure 上支架,上支座,

受油器支座

~ tube ouverture "开启"油管支座

~ de vérin 制动装置支座[支架]

supporter (*vt*) 支持[撑,承,住],负[承]担;容忍,承受,经受;承载[托],托[吊]住

suppression (*f*) 消除,取消,撤销,除去,废除[止];删除;熄灭;抑制

supprimer (*vt*) 撤[消]去,拆[排]除,清除,拿[去]掉,删掉[去,除],取消,消除,废除[止];填密;抑制;熄灭,灭迹

supputer (*vt*) 估计[量],计算,估算,推算

suramortissement (*m*) 超阻尼,过阻尼,阻尼过度,强衰减

surépaisseur (*f*) 余量,厚度余量[剩余]

surface (*f*) 面,表面,地面;面积

~ d'appui 支承[撑]面,接触面

~ des brides 接合面

~ contrôlée 调整面

~ équipotentielle 等势面,等位面

~ parfaitement horizontale 精确水平面

~ supérieure 水面;上部表面,顶面

~ de travail 工作面,有效面积

~s d'assemblage 组合件表面

surlongueur (*f*) 超长(部分)

~ de tôle 铁板超长部分

surplus (*m*) de loctite 剩余树脂

surpression (*f*) 压力上升,压力升高,过压,超压,余压,压差,内部超压

surprise (*f*) 突然(性),意外(性),意外

（的）事（情）；混错

surtension（*f*）过（电）压，超（电）压，超
高压，电压冲击［浪涌］；质量因数（电路
的）；超应力，逾限应力

surveiller（*vt*）观察［测］，探测；测量［绘］；
检查，监督［视，察，听］；监理（工程）

survitesse（*f*）速率上升，转速升高，飞逸
速度，超高速，超最大速度，超转，转数
急增

suspendre（*vt*）吊（着，起），装吊，悬（吊，
挂，置，垂），（使）悬浮，挂

suspension（*f*）吊，挂，悬；悬挂（接头），
吊起，吊架；悬浮（体，物，液）

symbole（*m*）符号，记号，代号，标志；图
例；象征

~ s employés dans les schémas　图内
使用符号

symétriquement（*adv*）对称地，匀称地

synchro（*m*）同步器（机），自动同步机；
同步信号；同步传送

synoptique（*a*）摘要的，概要的，梗概的，
大纲性的，扼要的，简要的，一览的；天
气（图）的　（*m*）目录；布置图，简明分布
图；方块（示意）图；（方）框图，综合图；

模仿图；天气图（编制法），天气学

~ de montage　安装程序

~ ~ ~ roue Kaplan　卡普兰转轮安
装布置图

synthèse（*f*）合成（法），综合（法），概括

syphon（*m*）虹吸条件；虹吸（管）

système（*m*）设备，装置；（操作）系统；方
式，方法；型式；制（度）；布置图

~ alésage　基孔制

~ à alésage normal　基孔制

~ de l'~ ~　基孔制

~ anti-effluves　防电晕的保护措施

~ arbre　基轴制

~ à arbre normal　基轴制

~ de l'~ ~　基轴制

~ élastique　弹性装置［系统］，制动系

~ de freinage　制动装置，制动系（统）

~ d'injection　供油的射油泵系统，喷
油系统

~ porte balais　刷握装置［系统］；刷握
布置图

~ régulation et commade　调整与控制
系统

T

tableau（*m*）板，仪表板；表（格）；图
（表），图像；配电［信号］盘；开关盘；操
作盘，操纵台

~ ci-dessous　下表

~ électrique　配电盘［表］，配电板，配
电屏

~ nécessaire　需用图表

~ prévu　接线板

tabouret (*m*) isolant 绝缘垫[台,座,凳]

tachymètre (*m*) 测速；测速器[计],速度计,自记转速表,转速表[计],转速自记器,速度测量器,转数表[计]；速率计；测速回路

~ parafait 理想测速

talon (*m*) 跟部,底脚,底座；上游（迎水）坡脚,坝踵,拱座；挂钩

tambour (*m*) 鼓；滚筒；（绞车的）卷筒；鼓筒[轮]；圆柱(体)

~ du rotor 转子轮辐

tampon (*m*) 盖,闷盖,端盖,金属盖板；塞子,管塞,堵塞；插头；法兰(反向)；缓冲器

~ extérieur 外盖

~ de remplissage 充油孔盖

~ visite 检查孔盖

tangentiel (*a*) 切的,切向的；切线的；切面的；相切的；正切的

taper (*vt*) 敲,敲击

taquet (*m*) 垫[挡,组装,组合,定位]块,定位销；楔；键

~ d'arrêt 定位挡块,止车挡,控制销

~ d'assemblage 组装(定位)块

~ de centrage 调整中心用铁板,中心定位铁板

~ ~ maintien 连接板

taraud (*m*) 螺丝攻[锥],丝锥,螺纹铣刀

taraudage (*m*) 攻,攻丝,钻,攻螺母[丝,纹],内螺纹；螺丝[钉]孔

tarauder (*vt*) 攻,(用丝锥)攻丝,攻(内)螺纹,攻螺母,刻螺旋纹

tasseau (*m*) 耳环；楔子,固着楔；托座；悬吊支架

tassement (*m*) 压[夯]实；压实量,沉陷[降],下沉[陷]；压缩,收缩,密实度,紧密性；填充度

tasser (*vt*) 堆起[积]；压缩,下陷[沉]；压[夯]实,压紧

tâtonnement (*m*) （反复)试验；试用；试运,试转；尝试,摸[探]索,试探；化验；反复测量

té (*m*) 三通；三通管,T形管接头；丁字尺；丁字管[钢]

~ à couvercle T形接头

~ d'évacuation des fuites （渗漏水排泄用的)T形管

~s de raccordement T形接头

~s réduit 异径T形接头

technologie (*f*) 工艺；技术,科技；术语

~ moderne 新技术

Téflon [téflon] (*m*) 聚四氟乙烯,四氟乙烯(特氟隆),特氟隆(商品名,俗称塑料王),四氟乙烯(绝缘)塑料

télémécanique (*f*) 遥控力学,遥控机械学

téléthermomètre (*m*) 遥测温度计[表],遥控温度计[表],远距[程]温度计

~ à cadran φ130mm 直径130毫米表盘的遥测温度计

~ huile palier supérieur 上导轴承油遥测温度计

température (*f*) 温度,气温

~ de l'air ambiant 周围[环境]空气温

度,室温

~ ~ ~ entrant　进气温度

~ ~ ~ sortant　出气温度

~ ambiante　室温,环境[周围]温度,
周围空气

~ de 250 degrés centigrades　250℃

~ d'eau de refroidissement　冷却水
温度

~ (de) prise　(水泥、混凝土的)凝固
温度;测温

~ supportée en service　使用温度

temporisateur (*m*)　减速器,缓动装置;延
时(继电)器;计时器;定时器

~ convertisseur　电源装置时延继电
器,变频装置

temporisation (*f*)　定时,记时;持续(时
间);(继电器)延时,时滞,时延;滞后,
延迟

temps (*m*)　时间,期间,期限,日期;时期

~ de durcissement　硬化时间

~ ~ ~ à 20℃ ;1 à 2 heures　硬化时
间在 20℃ 为:1~2 小时

~ ~ lancer　机组起动时间,加速时
间,逸速时间

~ ~ relaxation　缓冲时间,弛豫时间,
张[松]驰时间;衰减时间

en même ~ (*loc. adv*)　(与此)同时

en tenant compte de (*loc. prép*)　计及,考
虑到,根据

tendeur (*m*)　张[收]紧器;紧线器,紧线
设备,拉线装置,调紧装置,张力调整
[补偿]器;花兰螺丝,拉(紧)杆,拉紧螺

杆[栓];索具螺旋扣,松紧螺旋扣;螺栓
扳手

~ à chape　叉头拉紧杆

19 ~s à lanterne　19 只带有花兰螺丝
的拉紧杆

tendre (*vt*)　拉紧,收紧

tenire (*vt*)　保[维]持;占有;固定

~ compte de (*loc. verb*)　考虑(到),重
视,注意到,计及,按照

sáns ~ ~　不计及

tension (*f*)　电压;应力,张力

~ d'actionneur　电液转换器电压,作
动器电压

~ d'alimentation　馈电电压,电源电
压,供电电压

~ alternateur　发电机的电压

~ alternative　交流[变]电压;交变
应力

~ ~ d'alimentation　交流电源电压

~ aux bornes　端(子)电压,终端[极]
电压

~ de commande　控制[操作]电压,工
作电压

~ ~ ~ automatique　自动控制电压

~ ~ ~ de limitation　工作电压限值

~ ~ ~ manuelle　手动控制电压

~ ~ consigne　指令电压,给定[额定,
标称]电压,基准电压

~ ~ crête de l'onde appliquée　施加电
压的峰值

~ d'enclenchement　闭锁电压,接通
[起动]电压

~ d'essai 试验电压

~ ~ alternateur 交流试验电压

~ ~ entre conducteurs 线间试验电压

~ ~ en onde de choc 冲击试验电压

~ induite 感应电压

~ d'isolement 绝缘电压,绝缘水平电压(电力系统)

~ maximum de service 最大工作电压,最大额定电压;最大工作应力

~ de mesure 测验[量]电压;测量应力

~ minimale 最小电压

~ de mode commun 共模电压

~ nominale 额定电压,标称电压

~ normale 额定电压(U_N),标准[正常]电压

~ nulle 零电压,零电位,零电势;零序电压

~ en permance 恒电压

~ de pose 预紧力

~ primaire 原电压,初级[始]电压;初[原]始应力

~ ~ PPT nulle 功率电位变压器(PPT)的初级电压为零

~ redressée 整流电压

~ résiduelle 剩[残]余电压,残留电压(避雷器放电电压的);剩[残]余应力

~ ~ moyenne 平均剩余应力;平均剩余电压

~ secondaire 初[次]级电压,初[次]级电路电压,二次电压

~ de service 工作[运行]电压,额定电压;工作应力

~ sinusoïdale 正弦电压

~ par spire 每匝电压

~ stabilisée 稳压电源

~ ~ d'alimentation 稳定输入电压

~ stator 定子电压

~ tachymètre 测速电压

~ tachymètrique 测速电压

~ de $\frac{1,25U_N}{\sqrt{3}}$ entre enroulement et masse 绕组对地电压$\frac{1.25}{\sqrt{3}}U_N$

~ ~ 1,25U_N entre phases 相间电压 1.25U_N

~ à vide 空负荷[空转,无负荷,开路]电压

~ de Zener 齐纳电压(二极管标准电压),逆电压,反电压

basse ~ 低(电)压

extra-haute ~ 特高压

haute ~ 高(电)压

ultra-haute ~ 超高压

~s en volts 电压以伏为单位

tenue (*f*) 性能,特性,状态;稳[安]定性;持[耐]久性;坚固性;使用寿命;阻力,(抗力)强度;电阻,阻抗;托住

tergal (*a*) 背部的,脊的,脊纹的,脊板的

Tergal (*m*) 涤格尔(法国产涤纶商品名),毛的确良(的商品名)

terminer (*vt*) 结束,完成,完毕,完结,结

尾,收尾,终止,停止;接通(线路终端)

~ le serrage 装上

terre (*f*) 土,土壤;地面,地,大地;地
线,接地

test (*m*) 试验,测试[验];化验,分析;检
验;试件,试样,试品

tête (*f*) 帽,盖,端,顶;头(部),上部(顶
端);巅值;开始(部分)

~ de vis 螺丝头(部),螺丝顶,螺钉
头,螺栓头(部)

~s de barreau de clavette 键棒端部

~s ~ barreaux 键棒端面

~s ~ ~ porte-clavettes 键棒头部

~s ~ bobines 线圈的端接,线棒端部
(结构),绕组顶[端]部

~s ~ bras 辐臂端,外环端面

téton (*m*) 凸出部,凸缘[片,块,头],突
出部,端[尾]部;销子,接合销,开槽销,
方榫式定位销;豆点,基准点[桩];加
厚,变粗;小盖[帽,罩];回线,短线

~ d'ancrage 锚定头子

~ de centrage 中心定位豆点,定心
凸部,定位销

~ ~ référence 基准点

~ support 支架,支承销

théodolite (*m*) 经纬仪

thermomètre (*m*) 温度计[表]

~ SOPAC "索派克"(信号)温度计

thermostat (*m*) 恒温器;恒温调节器;调
温器,温度自动调节器;信号温度计;温
度继电器

~ régule coussinet supérieur 上导轴

承轴瓦信号温度计

~ signalant 信号温度计

thyristor (*m*) 晶闸管[可控硅],晶闸管
元件,晶闸管整流器,晶体闸流管

tiers (*m*) 外环,分块;三分之一

~ de couronne (extérieure) 外环的
分块

chaque ~ 每块外环

3 ~ d'anneau extérieur 外环的 3 个
分块

tige (*f*) (螺)杆,螺栓,拉杆,连接杆,活
塞杆;销,钉,销钉

~ d'accouplement 连接螺栓,联轴
螺栓

~ ajustée 销钉[定位]螺栓,调整螺栓

~ d'ancrage 锚杆,锚筋,固定杆,固
定销

~ d'assemblage 连接杆,组合螺栓,连
接螺栓,装配螺栓

~ de centrale 调节螺栓

~ extérieure 外侧螺栓

~ filetée 螺杆,螺栓,双头[吊环,销
钉,穿钉,连接]螺栓,吊环螺钉

~ ~ provisoire 临时螺杆

~ ~ de sécurité 穿钉安全螺栓

~ de guidage 导(向)杆,导销,螺杆

~ ~ levage 叉端螺杆

~ ~ mesure 测(量)杆

~ ~[du]piston 活塞杆,阀杆

~ ~scellement 地脚螺栓,锚杆

~s ~ sécurité 安全[保险]螺栓

tirant (*m*) 拉条,拉力构件,接紧杆,吊

杆,拉[系,联,锚,支撑]杆,拉紧[固定]
螺栓,固定螺桩;桁架;吃水深度(船的)

~ inférieur　下吊杆

~ supérieur　上吊杆,上部连杆

tire（*f*）　拉,拔,拖,牵引

~ fort　紧线器,滑轮

tiroir（*m*）　插件,插件内回路;抽屉;开
关;门,闸门,分水[流]闸,阀门,滑阀,
进气阀;组,部分,段

~ de diodes　二极管插件,二极管插件
内回路

~ distributeur principal　主配压阀

~ de distribution　分配阀,配压阀,滑
阀,气门

~ embroché　插件

~ de thyristors　晶闸管[可控硅]插
件,晶闸管[可控硅]插件内回路

5 ~s identiques　5个相同的插件

tissu（*m*）　布,织物,(纺)织品;网,网
状物

titre（*m*）　书名;题目,标题;标记;编号;
名义;名称,称号;试样,样品

~ descriptif　列了…名称

~ indicatif　参考名称

toile（*f*）　布,麻布,粗布,帆布,油布,织
物,帐篷;网,网状物

~adhésive　胶布

~ d'amiante　石棉布,石棉织品;石
棉网

~ (à,d')émeri　砂布,金刚砂布

~ d'émeri fine　细金刚砂布

~ à[de]filtre　滤网,(过)滤布

tôle（*f*）　板材;钢[铁]板,金属(薄)板,叠
[铁]片;(下)盖板,下整板,连接板,销
定板;衬垫,铁芯

~ d'accés au pivot　走道板

~ d'amenée　进水口铁板

~ d'arrêt　止动板[片],螺栓销片

~ d'assemblage　组装[安装]用垫环;
接[节]点板,连接板,双结合板

~ bleue　发蓝薄板材

~ de calage　垫片

~ circulaire d'ancrage　环形锚定板

~ du cône　里衬钢板

~ découpée　冲制钢板

~ diaphragme　密封座圈

~ de fermeture　盖板,蒙皮用板,封
板;挡风板

~ frein　止动片,限动片,锁定片

~ de glissement　滑板

~ guide　导油圈

~ ~ d'huile　导油圈,导油板

~ inférieure　底板

~ mince　薄钢[铁]板,薄板材,薄铁皮

~ perforée　穿孔钢板

~ plancher　花纹盖板,盖板

~ plate-forme　平台板

~ de réglage　调整垫片[板],调整用
衬垫

~ stator　定子叠片,定子铁片,定子
铁芯

~ striée　花纹板,网纹(钢)板

~ supérieure　顶板

~s　铁片

~s avec échancrures A　带有槽 A 的叠片

~s gradins　阶梯式叠片

~s normales　无槽叠片

~s polaires　磁极(连接)片

~s striées　花纹板,(风洞)花纹盖板,网纹板

tolérance（f）　公差,误差,容[允](许误)差;(容许)间隙;容许偏差

~ admise　允[容]许公差[偏差,漂移]

~ circonférencielle　周向误差

~ dimensionnelle　尺寸公差

~ de fabrication　制造间隙[公差],加工公差

~ fondamentale　基本公差

~ radiale　径向误差

~ d'usinage　(机械)加工容许误差,机械公差,机械加工容限[余量]

tonneau（m）　桶,槽;箱;池;鼓,筒,滚筒,卷筒,鼓轮;吨数,吨位;载重量

~ ordinaire　普通桶

torche（f）arc-air　炭弧气刨枪

toron（m）　股,绞线,多股线;(电缆)导线,导线束

total（m）　总数,总额,总和,合计,总计

~ des moyennes　各平均值的总和

~ ~ ~ des lectures　读数平均值总和

touche（f）　触点;接触,键,按[旋]钮;取样;试验;试车

toucher（vt）　接触,接连;触及;涉及;关系到

tour（f）　塔;(架线)铁塔;水塔;钻塔,钻架,井架

~ au centre　中心塔

~ centrale　中间塔架

~ centrale-partie inférieure　中心塔下段

~ ~ - ~ supérieure　中心塔上段

~ de contrôle　控制塔,指挥塔

~ inférieure　下塔,中心塔下段

~ supérieure　中心塔上段

~s superposées　叠装的塔(架)

tour（m）　旋转,转;转数;匝数;层;圈;(圆)周,周长;车床;班,工作组

~ de stator　定子圆周

1/2 ~　半周

~s par minute　转/分,每分钟转数

quelques ~s de ruban de toile adhésive industrielle　几层工业用胶布带

tourillon（m）　(端)轴颈,转轴,轴;(轴)销

~ de directrice　导叶轴颈

~ ~ servo-moteur　接力器轴颈

tournage（m）　修刮巴氏合金;车削,切削,外旋;车外圆;车工加工

~ extérieur　车外圆

tourner（vt）　(使)转动,(使)旋转,转,运转;使转向;翻(转);转弯;车(过),车削,(在车床上)加工,车工[削]加工;操作

tournevis（m）　旋凿,螺丝刀,(螺丝)起子,改锥,解锥

~ en croix　十字头螺丝刀

tourteau（m）　中心体,轴颈,垫套轴颈,轴衬;套管,衬管,插口,塞栓,栓(塞孔的),衬套,轴套,套筒;轮毂,阀叶,阀盘

（蝴蝶阀的），叶轮；圆盘；（混凝土）块；
岩块

~ du coussinet　轴颈，中间轴颈

~ ~ supérieur　热套轴颈

~ ~ croisillon　机架中心体

~ pilier　支座，支座架

tout ou rien（*m*）　"有—无"双位动作；双
位开关；开—关；有—无

toxique（*a*）　毒的，有毒的

traçage（*m*）　划线，定线，布线；放样；切
割加工，下料；架设路线［线路］，敷设管
路；标志［绘］，绘制，模线绘制，曲线描
绘；跟踪

trace（*f*）de centre　定心标记

tracé（*m*）　图，草图，图表；轨迹，曲线；划
线，定线，布线；轮廓线，放样线，模线；
路线，线路；（河流、山脉等的）走向

~ théorique　理论曲线

tracer（*vt*）　确定，拟定［制］，拟定［标出］
路线，拟定线路（标）；画出…的标记，标
志在，记下；标出，绘［划，画］出，描绘，
画；（标记）划线，定线；放样；制图

trait（*m*）　线，（细）线条；划线，定线；特征
［点］

~ continu　连续线，实线

~ discontinu　虚线，断续线

~ fort　粗线

~ mixte　点划线

~ à repère　检查线，定位标记，标架
线，坐标轴

~ de repère　基准（点）标记，基准线；
安装标记［准线］；刻线

traitement（*m*）　处理；加工；工资，薪水
［金］，待遇

~ de polymérisation　聚合处理

~ ~ séchage　烘干［干燥］处理

~ ~ surface　表面处理，表面加工

tranquilliseur（*m*）　稳流槽；隔板，挡板，
消力板；消力墙；分水墙

transducteur（*m*）de courant　电流转换
器，变流器，电流变送器

transformateur（*m*）　（试验）变压器；互感
器；变量器，变流器［机］，变换器

~ de compoundage　复式（绕组）变压
器，相复励变压器

~ ~ courant　（单个绕组）电流互感
器；变流器

~ ~ ~ à deux circuits magnétiques
双铁芯式电流互感器，双次级绕组
互感器（有分开铁芯）

~ ~ ~ ~ ~ enrolement secondaires
sur 1-circuit magnétique　双次级电
流互感器，双次级绕组互感器（有共
同铁芯）

~ à 3 enroulements　三绕组变压器，
三卷变压器

~ de mesure　仪表（用）互感器，测量
仪器用互感器，仪用变压器，测量
（用）变压器

~ ~ potentiel de puissance（PPT）功
率电位变压器，电压互感器，调压器

~ à 6 secondaires　脉冲变压器（6个二
次绕组）

~ de soutirage shunt　并联变压器

~ ~ tension　变压器,电压[仪表]变压器,电压互感器

primaire ~　初级变压器

translater（*vt*）传送[给];转移[发];移动,平移,转移;再定位;翻译,说明,解释

transmission（*f*）传动（装置）;传送（器）,传输

transpercer（*vt*）钻通,穿过[蚀,透,通],贯穿

transport（*m*）运输[送],吊[转]运;物流;传输,发送;转移,位移,推移,移动,搬运;推移质

~ d'huile　输油管

~ ~ par tube flexible haute pression　柔性的高压输油管

trappe（*f*）d'accès　检查口[孔];出入孔[口]

travail（*m*）effectué　已竣工作

travaux（*m. pl*）préparatoires　准备工作

travée（*f*）跨,跨度;梁间距;隔间,开间

par ~　每跨

au travers de（*loc. prép*）穿过,透过,通过,经过;借助于

traverse（*f*）横梁[档],圈梁;导线(测量的)

~ extérieure　外圈梁

~ intérieure　里圈梁

~ ~ support de plancher　上盖板里圈梁

~ intermédiaire　中间圈梁,中间横梁[档],主横梁

traversée（*f*）交叉、相交;通道;跨度;飞[跨]越;(引入,穿墙)套管,套管绝缘子,绝缘导管

trépied（*m*）三脚架,三角架

tresse（*f*）silionne　编织玻璃丝

tréteau（*m*）门架(门式起重机的);支架,台架;托架,机座;搁橇

triacétate（*m*）三醋酸纤维带;三醋酸酯[盐]

~ de cellulose　三醋酸纤维(带,素),三乙酸纤维素

trichloréthylène（*m*）三氯乙烯

tringle（*f*）杆,拉杆,金属杆,连(接)杆

triphasé（*a*）三相的

triphase（*f*）三相

trompette（*f*）喇叭段,喇叭

tronçonner（*vt*）切[割]断,切割;切段,截成段

tronçons（*m. pl*）de connexions　一段段铜线

trou（*m*）孔,螺孔,螺栓孔,孔眼;穴;洞;坑,口;砲孔[眼]

~ d'accès　进入孔,检查孔;交通洞

~ d'accouplement　起吊孔,螺(栓)孔

~ d'accrochage　起吊孔

~ d'aération　(通)气孔,通风孔[口]

~ de l'aération forcée éventuelle　吹入压缩空气用的螺孔

~ ajusté　穿钉孔

~ alésé　铰孔,镗孔

~ d'alimentation　供油口

~ pour broche　销钉孔

~ central 中央的孔眼,中心孔

~ de décompression 减压孔

~ ~ diamètre 30 m/m 孔径 30 毫米

~ d'évacuation de l'air 排气孔

~ de fin de vidange 末端放油孔

~ ~ fixation 固定(螺,螺栓)孔,锚筋孔,底部螺孔,安装孔

~ pour ~ 固定用孔

~ de goupille 销钉孔,开口销孔,扁销孔

~ ~ graissage 油孔,润滑油孔,注油孔

~ inférieur 底部孔

~ à injection 注水孔

~ d'injection 灌浆孔,灌浆钻孔,喷浆孔,注水孔,注入孔;喷嘴油孔,射油孔(口)

~ de levage 吊环螺钉

~ ~ [pour]manutention 起吊孔,吊运用孔

~ de passage 穿孔

~ percé 钻孔

~ ϕ30 percé ϕ30 钻孔

~ pour presse-étoupe 密封孔

~ de prise de pression 测压孔

~ ~ purge d'air 放气孔

~ ~ [pour]sonde 探坑[孔],试验孔,测温孔;钻孔,穿孔,打眼

~ supérieur 顶部孔

~ pour tampon de visite 进人孔

~ taraudé 螺孔,螺纹孔

~ de vidange 排油孔

~ ~ visite 检查[视]孔,窥孔,进人孔

avant ~ 导孔

le ~ de prise de pression F_{33} doit être à contre courant 测压孔 F_{33} 必须对着油流方向

~s équidistants 等距孔

~s percés et fraisés 埋头孔

~s du segement 叠片冲孔

tube (*m*) 管子,导管,套管,套筒,管道[路]

~ d'aération 通气管,通风管

~ d'alimentation ouverture des pales "轮叶[叶片]开启"供油管,"开启"油管

~ court 短管,管子接头

~ (en)cuivre 铜管,管节

~ de distribution de pression 压力供油管

~ entretoise 套管,压紧套管(转子堆叠用),撑紧用管子,隔套

~ d'entretoisement 撑管(撑紧用的管子)

~ étiré 无缝管,拉制的管,冷拉[拔]管

~ d'évacuation 排油(管),回油排出管;出水[排泄]管

~ d'expansion 回油管,渗漏回油管

~ de fermeture "关闭"油管

~ galvanisé 镀锌管,白铁管

~ gaz SS(sans soudure 的缩写) 无缝煤气管

~ ~ ~ étiré à chaud (热拉)无缝煤

气钢管

~ inférieur 底管,下部管,下部管段

~ intermédiaire central 中间管的中段

~ ~ inférieur 中间管的下段

~ ~ supérieur 中间管的上段

~ isolant 绝缘套管,绝缘管

~ "Kaplan" 操作油管,卡普兰水轮机操作油管,受油器操作油管

~ ~ de fermeture "关闭"操作油管

~ ~ intermédiaire 中间（轴）操作油管

~ ~ d'ouverture "开启"操作油管

~ long 长管

~ métallique souple 金属软管,蛇皮管

~ non obturé 开口管子

~ d'ouverture "开启"油管

~ remplissage 充油管,供水管

~ Rep. 3 du bras du compas 测圆架幅臂的管子（件号3,repère 3）

~ pour serrage intermédiaire 预压紧用管子

~ de sonde 温度检测管

~ vidange remplissage 充油排油管

~s de circulation d'huile 供循环油流通的孔眼,（通）油孔

~s décalés aux joints （被错开）管件（的）连接处

~s "Kaplan"partie inférieure 卡普兰水轮机操作油管下段

tubulure（*f*） （短）管;连接管（零件),

(导)管接头;管口,短管状开口,分叉弯头;管(子)箍

turbine（*f*） 水轮机,汽轮机

turbinier（*m*） 水轮机厂;水轮机安装人员

turbo-alternateur（*m*） 汽轮（交流）发电机

tuyau（*m*） 管(子),软管,导管,套管,管道

~ d'alimentation 供油管,供水管,供料管

~ ~ fermeture des pales "轮叶[叶片]关闭"供油管

~ d'évacuation 排出[泄,水]管,排气管,排油管

~ flexible 软管,蛇管

~ métallique fléxible 软性钢管,柔性金属管,金属软管

~ de raccord 连接管

~ ~ raccordement 连接管,连接件

~ reliant 连接管

~ de vidange 排油管,排泄管

tuyauterie（*f*） 管道（系统）,管路（系统）,管系,导管系统;管(子);管线

~ d'air （通）气管路,空气管道

~ ~ du diaphragme d'arrêt d'huile （油槽）气密封管路,气密封装置的管路

~ d'alimentation 进油管线,供油管(路),供给管路,给水管,供应管,输送管

~ d'amenée d'air 进气管

~ ~ d'eau　供水管

~ d'aspiration　吸入管路[道],吸水管道,进水管,吸气总管,进气管

~ de circulation d'huile　冷却油管

~ eau　水管

~ d'eau　供水管,水管,水管路

~ ~ entrée　进水管

~ ~ sortie　出水管

~ d'évacuation de la surpression　过压出油管

~ freinage-levage　制动—顶起管路

~ de graissage　加油管路,润滑油路

~ d'huile　滑油系统导管;润滑(油)管路,润滑油系统管路,润[滑]油管路,(润滑或油压系统的)油路,油管

~ ~ chaud　热油管路

~ ~ froide　冷油管路

~ incendie　减火装置管路,灭火管路

~ d'injection　射油系统管路

~ interne　内部管路

~ ~ à l'alternateur　发电机内的管路

~ de liaison　连接管(路,道)

~ ~ refoulement　输送管路

~ des réfrigérants　空气冷却器水管

~ de réfrigération　冷却管路,冷却器管路

~ ~ remplissage　充油管,装油管线

~ ~ sortie d'huile　出油管

~ souple　软管(道),柔[挠]性管道

~ de vidange　放水管(线),排水管,放油管(线),放空管(线),卸料导管

~ s des collecteurs d'alimentation des servo-moteurs　导叶接力器油管,接力器供油母管

type (*m*) de brasage massif　大面积铜焊型

type (*m*) de turbine　水轮机机型

U　法语字母表中的第 21 个(大写)字母;电压(tension〈法〉、voltage〈英〉)、电位差(différence de potentiel)的量的符号;U 形(物)

~ amorçage　起励电压;起动电压;放电电压;飞弧电压;闪络电压;点火电压;击穿电压

~ commande　操作电源,操作电压,控制电压;栅极电压

~ de Fixation　U 形卡子

~ signalisation　信号电源

ultérieurement (*adv*)　以后,今后

uniforme (*a*)　一致的,一样的,一律的,相同的,同样的;均等的,均匀的;均速的,不变的;单调的,单值的

uniformité (*f*)　均匀度,均匀性;单值性统一性,一致性

union (*f*)　接头;(联)管节;结合,连接

~ double　双式管节,双法兰接头,双螺帽管接头,直通管接头;双重连接

~ mâle 端式管接头
~ simple femelle 外接头,内螺纹端式管接头
~ ~ ~ ermeto 雌管节
~ ~ mâle 内接头,单螺帽管接头,外螺纹端式管接头,雄管节
~ ~ ~ ermeto 雄管节
uniquement (adv) 单,只,只是,仅仅,唯一地
unitaire (a) 单位的,单元的;单一的,统一的

usinage (m) 加工;机械加工,切削加工,压力加工;金属加工;制造
usiné (a) 机械加工的,制作的
usiner (vt) (机械)加工,制造,生产
usure (f) 磨损,损耗;磨损度
~ du charbon 炭精密封磨损
utiliser (vt) 利用,使用,运用,应用,采用

valable (a) 有效的,适用的;有价值的;有资格的
valeur (f) 值,数值,量;价值,估价;意义
~ connue 已知值
~ de crête 最高值,峰值
~ donnée 给定值
~ du dosage accélérométrique 加速度增量值
~ de limitation de courant rotor 转子电流限值
~ mesurée 测定[试,量]值,实测值
~ moyenne 平均值,中值
~ nominale 标[公]称值,额定值,额定参数
~ sensblement égale 接近等值
~ théorique calculée 理论计算值
vannage (m) 水闸,闸门系统,阀门系统,活门系统,节流门系统,活动导叶系统

vanne (f) 阀(门),闸板,闸门,闸阀,节流门
~ de vidange 放油阀;泄水阀,泄水闸门,排水闸,放[排]空阀,排泄阀
variante (f) (比较)方案,不同类别;代用品;变更;变形;变量
variation (f) 变化,改变,变动,变(化)量,变分,变差;偏差,倾斜;修正量;不稳定工作状态
~ effectivement mesurée 实测变化
~ maximale admissible 最大容许变化
~ mesurée 实测变化
~ de temperateur 温度梯度,温度变化,温差
variomètre (m) 升降速度表;可变电感器,变感器,传感器
~ de vannage 导叶可变电感器

vaseline（*f*） 凡士林,软膏;矿脂,石油脂
　～ neutre 中性凡士林

veiller（*vt. indir*）à qch 注意,留意,当
　心,照顾（某事）,负责

Vélumoïd（*m*） "韦吕莫伊德"密封垫

ventilateur（*m*） 通风机,鼓风机;风扇;
　通气孔,通风眼,气眼

verification（*f*） 检查,检验;校验,校对;
　审查,查核,核对;鉴定;验证;试验;
　分析
　～ de l'absence de points chauds 检验
　　无发热点

vérifier（*vt*） 检[校]验,检测[查];查明,
　证实;鉴定,验证;分析

vérin（*m*） 千斤顶,起重器,顶起装置,气
　泵,作动筒;制动装置,制动闸,闸板
　～ de freinage 制动装置
　～ hydraulique 水力[液压]千斤顶,液
　　压作动筒[助力器,起重器,支重器]
　～ de levage 起重[液压]千斤顶,顶起
　　装置
　～ pneumatique 气压[动]千斤顶,气
　　压[动]起重器,气动作动筒,（支持）
　　气泵
　～ poussoir 推泵,顶起油泵
　～ de[pour] réglage 调整[校正]用千
　　斤顶
　～ ～ vannage 导叶接力器
　～ à vis 螺杆（式）千斤顶,螺旋（式）千
　　斤顶;螺旋撑杆

vernir（*vt*） 涂以清漆,（涂）上（清）漆,涂
　漆,喷漆,刷漆

vernis（*m*） 漆,清漆,罩光漆,油漆;漆料
　～ cellulosique 纤维素清漆,赛璐珞清
　　漆,硝基漆
　～ ～ à séchage rapide 快干赛璐珞
　　清漆
　～ entre couches 层间清漆
　～ de finition 覆盖漆,罩光漆,面层
　　漆,面层半导体漆,完工漆
　～ ～ ～ semi-conducteur 面层半导
　　体漆
　～ polyester 聚酯清漆,聚酯漆
　～ semi-conducteur 面层半导体漆

vernissage（*m*） 涂(清)漆,上漆,喷漆,
　刷漆
　～ de finition （最后一道)涂漆

verre（*m*） 玻璃,玻璃制品;透明塑料
　物质

verrouillage（*m*） 锁;锁闭[紧],锁定,止
　动;联锁(装置);定位[闭锁]装置;闭塞
　(装置);闭合,接通
　～ entre appareils 仪器间的接通[闭
　　合]

vers（*prép*） 向,朝,至;将近,接近
　～ le bas 向下作用;向下;(在年代、位
　　次等方面)往下
　～ le haut 向上作用;向上;(数量、程
　　度、质量、职位、比率方面)趋向上升;
　　向上游;向内地

verser（*vt*） 注入,灌进

verticale（*f*） 垂(直)线,垂(直平)面;垂
　直位置;垂直仪

verticalité（*f*） 垂直(度)

vibration（*f*） 振动,震动;振捣

vibreur（*m*） 振动器,振捣器;蜂鸣器

~ à béton 混凝土振捣器

vidange（*m*） 放[排,倒,倾]出;放[排]泄;抽[泄,放,排,倒,卸]空;耗油;放油塞,放油阀;排油管,放水管

~ huile[d'huile, de l'huile] 放油,排油,换油

~ du palier supérieur （上）导轴承排油管

vidanger（*vt*） 放[排,倒,倾]出,放[排,倒]空,抽空,放[排]泄;稀释

vide（*m*） 孔穴,空穴,空隙,缝隙;真空（度）

vieillissement（*m*） 老化;时效(处理)

virole（*f*） 环,箍,圈,圈身,罩圈;机座外壁,(轴承)壳体;管节,套管,管接头

~ de callotte 端盖体

~ ~ corps 筒体

vis（*f*） (沉头)螺钉,(螺栓)螺丝钉,螺丝;(顶杆)螺栓;螺(丝)杆,丝杆,螺旋(丝)杆;螺纹;螺旋器

~ ajustée 调整[紧度]螺栓,旋制[配合]螺栓;(已)调整(的)螺钉

~ d'arrêt 定位[固定,锁紧]螺钉,止动螺钉[丝];校配螺钉

~ de blocage 锁紧螺钉

~ ~ de la poulie 摇车止动螺丝

~ à bois 木螺钉[丝]

~ de butée 止挡[止动,止推,限动]螺钉,止动[顶紧]螺丝

~ ~ centrage 定位螺钉,定中心螺钉[丝];中心螺旋

~ ~ décollage 螺旋起重器;顶丝螺钉,起钉[拆卸]螺丝,顶丝

~ ~ fixation 固定[定位,紧定,夹紧]螺钉,固定[定位,夹紧,紧定]螺丝,装配螺丝,挡板螺丝;固定螺栓

~ isolée 绝缘螺丝

~ de pale 轮叶[叶片]螺丝

~ prévue 专用螺丝

~ provisoire 临时装配螺栓

~ de réglage 调整螺栓;调整[节]螺丝,定位螺丝,调节螺钉

~ sans tête 埋头螺钉,无头螺钉

~ ~ ~ à bout plat 无头平顶螺钉,平头螺钉,无头螺丝

~ ~ ~ 6[six]pans creux 六凹边埋头螺钉,六角埋头螺钉,制头螺钉

~ (à) six pans creux 圆头螺钉,内六角螺钉

~ tête cylindrique bombée 凸头螺钉,凸圆头螺钉

~ à tête carrée 方头螺钉[丝]

~ ~ ~ en croix 十字头螺丝,圆头螺丝

~ ~ ~ cylindrique 6 pans creux 六角凹圆头螺钉

~ ~ ~ hexagonale 六角(头)螺钉;六角头螺栓

~ ~ ~ (à) six pans 六角(头)螺钉;六角头螺栓

~ ~ ~ 6 pans creux 内六角螺钉

vis-vérin（*m*） (螺旋)千斤顶;顶杆螺丝,顶紧螺丝;调节螺栓,顶杆螺栓

visa (*m*)　签字；签证；信用卡；检验，同意

viscosité (*f*)　黏性[度]，黏滞性[度]；稠度，韧性；附着性；蠕变

visée (*f*)　瞄[照]准；瞄准线；观测，观察；导引，引导；制导；目的，企图，打算；读数

visite (*f*)　检查[验]，定期检查，巡视；观察，视察；考察，踏勘；参观，访问

vissé (*a*)　用螺钉固定的，用螺钉连接的；拧紧的

visser (*vt*)　拧入[紧]，旋紧；装固，用螺钉固定[钉住，拧住]；上螺丝，拧螺丝，用螺丝固定

visserie (*f*)　螺丝，螺钉类，螺钉之类的小零件，螺栓；螺钉(工)厂，螺钉车间

　~ d'accouplement　连接螺栓和螺母

visualisation (*f*)　目视，目检；视觉；观测，观察；显示

vite (*a*,*adv*)　快(的)，速(的)，快速(的)，迅速(的)，高速(的)

　"—vite"　"欠速"

　"+vite"　"增速"

vitesse (*f*)　速度，速率；转速；转数

　~ constante　恒[常]速，等[匀]速，(固)定速(度)

　~ d'emballement　飞逸[逸转]速度，超(转)速，飞逸转速

　~ nominale　额定速度[转速]，正常速度

　~ normale　正常速度[转速]，额定速度；额定转数；法向速度

　~ de rotation　回转速度，旋转速度，

(电机的)转速，转动速度；转数

vitre (*f*)　玻璃，窗玻璃，玻璃挡板，风挡板

voie (*f*)　通道，道路；管路；电路；线路；母线；方法，手段

voile (*m*)　位移；中心偏差；变形；图[影]像模糊

volant (*m*) de manœuvre　手轮，操纵[驾驶]轮；驾驶盘，方向盘

volatil (*a*)　挥发(性)的，易变的

volt (*m*)　伏(特)(电压单位)

volume (*m*)　体积，容积[量]；范围；空间，区域；规模

　~ du flotteur　浮子体积

　~ d'huile　油的体积，油量

voyant (*m*) lumineux　灯光指示器；(保护继电器中的)指示器；指示[信号]灯；灯光信号，光信号，可见信号；(保护继电器的)吊牌

vue (*f*)　查(看)，检查，观察；图，视图

　~ d'amont　向下游看；上游立面[视]图

　~ en bout　端部图，端视图

　~ ~ ~ des connexions　接线端视图

　~ de [par] dessous　仰视图，底视图

　~ de dessus　俯视图，顶视；顶部投影

　~ éclatée　分解图，展视

　~ en plan　平面图，俯视图

　~ ~ ~ suivant　视向平面图

　~ suivant　视图

　~ ~ F　F向视图

　~ sens　视向

W

watt（*m*）　瓦（特）（电功率单位）

white-spirit〈英〉（*m*）　纯酒精，酒精之

类；漆用汽油，（用于油漆的）石油溶剂，烃溶剂；白节油（溶剂），松香水

Z

zingage（＝zincage）（*m*）　镀锌；加锌层；加锌提纯（粗铅的一种精炼法）

zone（*f*）　地区，区（域），（地）带；范围；部位；空域，水域；（地）层，面

～ d'appui　承压面，垫衬面

～ arasée　水平面

～ bétonnée　混凝土面

～ mesurée　被测面